늑대와 야생의 개

야자부대학 수의대 교수

기쿠수이 타케후미 (菊水健史) 감수　　**곤도 유키** (近藤雄生) 본문

사와이 세이이치 (澤井聖一) 사진 해설　　**박유미** 옮김

라의눈

늑대와 야생의 개

늑대, 그들은 누구인가?

늑대는 한때 인간을 제외한 모든 포유류 중 가장 넓은 지역에 서식했다. 그들은 어떤 환경에서든 그 지역에 적응하여 식성과 능력, 그리고 몸을 변화해가며 살아왔다. 인간의 눈으로 봤을 때, 그들의 늠름한 모습은 역동적인 자연 그 자체였다. 그런 이유로 늑대를 신으로 숭배하기도 했다. 그러나 인간이 발달된 문명으로 자연을 지배하겠다는 욕망을 갖게 되면서 늑대는 자연의 두려움을 상징하게 되었다. 즉 제거 대상이 된 것이다. 결국 20세기 전반까지, 세계 각지에서 늑대들이 박해받았고 멸종 상태에 이르렀다. 20세기 후반에 접어들자, 자연과 공생하지 않으면 인간도 살아갈 수 없음을 각성하게 되었다. 자연의 일부인 늑대가 중요한 역할을 해 왔다는 사실이 밝혀지자, 그들을 죽음으로 내몰았던 인간들이 전 세계 각지에서 늑대를 되살리기 위해 애쓰기 시작했다. 그들은 결코 인간을 위협하는 존재가 아니었다. 다양하고 아름답고 사려 깊은 자연 그 자체였다. 늑대를 아는 것은 자연을 이해하는 것이다. 이 책엔 그들의 모든 모습이 담겨 있다.

회색늑대

학명 – *Canis lupus lupus*
영어명 – Eurasian Wolf

눈에 파묻힌 북유럽의 자작나무 숲에 우두커니 서 있는 회색늑대. 노르웨이에 겨우 수십 마리가 남아 있는 이 늑대는 단단한 몸집에 뛰어난 후각과 청각, 그리고 창처럼 날카로운 이빨을 가졌다. 코끝에서 꼬리까지 총길이는 최대 2미터에 이른다. 늑대를 뜻하는 노르웨이어 'varg'는 '통제할 수 없는 것, 무법자, 야만적인 것'을 뜻한다. 인간의 이런 생각 때문인지 회색늑대는 지상에서 가장 핍박받은 동물이라고 한다.

촬영지 | 노르웨이
촬영자 | Chris O'Reilly

야생의 개, 그들은 누구인가?

이 책에서 '야생 개'란 집개를 포함한 모든 갯과 동물(개, 늑대, 여우, 코요테, 자칼, 승냥이 등)을 가리키는 말로 사용된다. 오른쪽 설명의 딩고처럼 개가 야생화되어 갯과 동물 전체가 되었다는 뜻이 결코 아니다. 캐는 늑대와 같은 죠상을 가진 동물인데, 그중 인간과 긴밀한 관계를 유지하며 살아가게 된 한 종파를 말한다. '야생 개'라는 호칭을 사용하게 된 것은 갯과 동물 중 단지 개만 인간에게 친근한 동물이기 때문이다.

유전자 분석을 통해 관계가 깊은 종끼리 하나의 '계통'으로 정리하면, 야생 개는 주로 4가지로 분류된다. 즉 늑대 계통, 남아메리카 계통, 붉은여우 계통, 회색여우 계통이다. 약 35종의 갯과 동물이 이 4가지 계통에 속하며 늑대, 개, 자칼, 여우란 이름으로 불린다.

이 책에서는 먼저 야생 개의 핵심이라 할 수 있는 늑대에 관해 다양한 각도에서 설명한다. 그리고 58쪽 이후부터 나머지 계통에 속한 종을 차례로 소개하면서 야생 개에 관한 모든 것을 밝힐 것이다.

딩고
학명 – *Canis lupus dingo*
영어명 – Dingo

딩고가 먹을 것을 찾아 캠프장으로 접근했다. 호주 내륙에는 건조한 사막을 중심으로 아웃백이 광활하게 펼쳐져 있는데, 북부 노던주의 데블스 마블스(Devils Marbles) 보존지구에서 생긴 일이다. 애버리지니(Aborigine)라 불리는 호주 원주민의 성지인 이곳엔 기암괴석들이 즐비하다. '악마의 대리석'이란 이름과는 달리 실제로는 화강암이다. 원주민들은 이를 '무지개뱀이 낳은 알'이라고 부른다. 딩고는 수천 년 전에 애버리지니 원주민이 호주로 데리고 온 개로, 그 후에 야생화 되었다고 한다. 수천 년 동안 집개로 품종화 되지 않은 원시 개로, 오랜 세월 호주의 환경에 적응하며 살아왔다.

촬영자 | Yva Momatiuk and John Eastcott   촬영지 | 호주

회색 아닌 회색늑대
화이트와 블랙

흰색 북극늑대

학명 – *Canis lupus arctos*
영어명 – Arctic Wolf

북극에 서식하는 회색늑대의 아종으로 털색은 흰색이다. 알비노(albino), 백변종(Leucism) 등의 백색 개체는 다양한 종에서 발견된다. 북극곰처럼 계절에 관계없이 종이나 아종에 속하는 모든 개체의 체모가 항상 흰색인 육식 포유류는 극히 드물다. 겨울철에는 온 세상이 하얗게 변하므로 흰색은 가장 효과적인 보호색이라 할 수 있다. 먹이사슬의 정점에 있는 이들이 먹이에 접근하기에도 나쁘지 않다. 다만 북극곰의 체모는 선천적으로 흰색이지만, 북극늑대는 다르다. 태어난 초봄부터 어른 늑대가 되기 전까지, 새끼 늑대의 체모는 북극의 대지와 비슷한 갈색을 띤 회색이다.

촬영지 | 그린란드   촬영자 | David Tipling

늑대의 털색은 다양하다. 일반적으로는 회색이지만 흰색도 있고 검은색도 있다. 갈색, 적갈색, 모래처럼 누런색을 띠는 종류도 있다. 색의 차이는 서식하는 환경과 밀접한 관계가 있다. 예를 들어 북극에 사는 북극늑대는 흰색이고, 미국 로키산맥처럼 숲에 사는 늑대는 검은색이다. 또 반(半)사막 환경에 사는 종은 누런색에 가깝다. 대체로 극지방에 가까울수록 색이 희고 저위도로 갈수록 짙어진다.

다만 털색에 상관없이 이들은 모두 회색늑대다. 참고로 북아메리카에 많이 서식하는 검은 늑대는 개와 교잡하여 탄생한 종이라는 것이 밝혀졌다. 늑대는 전반적으로 바깥쪽 털이 60~150밀리미터로 길고, 안쪽 털은 짧고 빽빽하게 나 있다. 고위도의 늑대일수록 안쪽 털이 부드럽고 풍성하며, 저위도의 늑대일수록 거칠고 빈약하다.

검은색 동부늑대

학명 – *Canis lupus lycaon*
영어명 – Timber wolf

캐나다 앨버타 주의 설원을 걸어가는 동부늑대는 회색늑대의 아종으로 털색은 검은색이다. 숲속에 산다고 해서 동부팀버늑대(Eastern timber wolf)라고도 불린다. 북아메리카에는 북극늑대와 동부늑대를 비롯해 5~6개의 회색늑대 아종이 서식하고 있는데 털색은 회갈색, 황갈색 등 흰색에서 검은색 스펙트럼 사이에서 다양하게 발현된다. 거의 북아메리카에서만 볼 수 있는 동부늑대는 과거에 집개와 교잡한 늑대의 자손으로, 숲속에서 모습을 숨기는 데 유리한 털색을 가지고 있다.

촬영지 | 캐나다   촬영자 | Donald M. Jones

야생 개(갯과 동물)의 4가지 계통에 속하는 약 35종 가운데 늑대, 남아메리카, 붉은여우의 3가지 계통이 90퍼센트를 차지한다(나머지 회색여우 계통은 회색여우와 아일랜드여우뿐이다). 지금부터 13쪽까지는 이 3가지 계통에 대해 소개할 것이다. 각 계통별로 10~13종의 야생 개가 존재한다.

'늑대'라는 이름이 붙여진 종은 회색늑대, 에티오피아늑대, 갈기늑대 3종인데, 이중 앞의 2종이 늑대 계통이고 뒤의 1종이 남아메리카 계통이다. 늑대 계통은 총 10여 종인데, 그중에서 단 2종에만 늑대란 이름이 붙었다는 것이 이상할 수도 있지만, 이는 세계 각지의 늑대 대부분이 회색늑대의 아종이기 때문이다. 즉 에티오피아의 고지대에서만 사는 에티오피아늑대, 남아메리카(특히 브라질 주변)에서만 발견되는 갈기늑대 이외의 늑대는 모두 회색늑대다.

'개'라는 이름으로 불리는 갯과 동물엔 집개, 뉴기니 싱잉 도그, 부시 도그, 작은귀개가 있다. 이중 앞의 2종은 늑대 계통이고, 뒤의 2종은 남아메리카 계통이다.

하나의 계통 안에도 개와 여우가 혼재되어 있다. 또한 호리여우의 경우, 한국과 미국에서는 여우(폭스)라고 부르지만, 일본에서는 개(이누)라고 한다. 이 책을 읽다 보면 개, 늑대, 여우의 구분이 어렵다는 사실을 알게 될 것이다. 남아메리카 계통은 4가지 계통 중에서 유일하게 남아메리카만의 고유종이 남아 있다. 남아메리카 대륙이 오랫동안 다른 지역과 격리되어 있었기에 독자적인 진화가 가능했다.

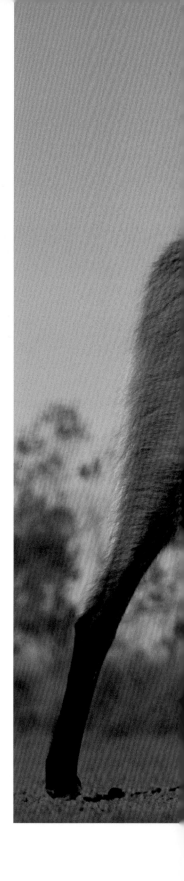

늑대 계통이지만 늑대가 아니다?

좌 | 에티오피아늑대

학명 – *Canis simensis*
영어명 – Ethiopian Wolf

시원스러운 눈에 야무진 입매, 단정하게 서 있는 모습이 아름다운 에티오피아늑대는 어딘지 모르게 일본 신사에 있는 여우 동상을 닮았다. 하지만 여우의 일종이 아니다. 집개나 회색늑대처럼 개속으로 분류되며 황금자칼의 근연종(近緣種)이기도 하다. 에티오피아의 발레산(Bale Mountains) 국립공원에 있는 해발 3,000미터가 넘는 사네티 고원이 그들의 서식처다. '사네티'란 '바람이 강하게 부는 곳'이라는 현지어다. 사진의 에티오피아늑대는 다소 긴 목을 쭉 빼서 바람에 맞서듯이 서 있다.

촬영지 | 에티오피아   촬영자 | Danita Delimit

우 | 갈기늑대

학명 – *Chrysocyon brachyurus*
영어명 – Maned Wolf

남아메리카는 오랫동안 격리된 세계로 독자적인 진화를 이룬 생명체가 많다. 갈기늑대도 그중 하나로, 1속 1종의 희귀한 갯과 동물이다. 몸에 비해 작은 머리에 대막대기처럼 긴 다리가 특징이다. 다리가 긴 낙타나 기린처럼 측대보(側對步), 즉 오른쪽 앞뒤 다리와 왼쪽 앞뒤 다리가 각각 짝이 되어 함께 움직이기 때문에 상하로 출렁이는 반동이 거의 없다. 네 다리를 잘 움직여 초원을 종종걸음으로 달린다. 다만 조금 달리고 멈춰 서는 습성이 있어 인간에게 쉽게 잡힌다. 따라서 최상위 포식자이지만 준멸종 위기종이다.

촬영지 | 브라질   촬영자 | Tui De Roy

늑대와 가까운
일족들

코요테

학명 – *Canis latrans*
영어명 – Coyote

여우와 늑대의 중간쯤 크기의 코요
테는 우리에게 친숙한 야생 개로, 밤
에 황야에서 울부짖는 모습으로 서
부극에 자주 등장한다. 북아메리카
서부에만 한정되어 서식했지만, 회
색늑대가 멸종으로 접어들면서 개체
수가 크게 늘어났다. 옐로스톤 국립
공원에서도 늑대가 멸종되면서 코요
테가 생태계에서 큰 위치를 차지하
고 있다. 그런데 야생동물을 둘러싼
20세기 최대의 실험이라고 할 수 있
는 '늑대 재도입(reintroduction)'이
시작되면서 코요테의 수가 감소 추
세로 전환되었다고 한다.

촬영지 | 미국(옐로스톤 국립공원)
촬영자 | Danny Green

야생 개(갯과 동물)의 4가지 계통 중 늑대 계통에 대해 자세히 살펴보자.

늑대 계통으로 분류되는 것은 10~13종이다. 종의 수를 명확히 하지 못하는 이유가 있다. 예를 들어 딩고(60쪽)를 하나의 종으로 볼 것인지 회색늑대의 아종으로 볼 것인지에 대해 견해가 나뉘기 때문이다. 또 늑대 계통인 집개의 학명(Canis lupus familiaris)을 보면, 회색늑대(Canis lupus)의 아종임을 알 수 있다. 하지만 최근 연구에 따르면 개와 늑대는 같은 조상에서 갈라져 나온 것이지, 늑대가 개의 직접적인 조상은 아니라고 한다. 개와 늑대의 게놈이 겹치는 것은 개와 늑대가 이종교배된 결과일 뿐이라는 것이다.

그런데 늑대 계통에는 늑대, 개 외에 코요테와 자칼도 포함된다. 이들 사이에는 어떤 차이가 있을까? 코요테와 늑대를 비교해보자. 늑대가 전 세계에 분포된 반면, 코요테는 북아메리카에서 중앙아메리카에 걸친 지역에만 서식하며 체격도 늑대보다 작다. 다만 둘을 교배할 수 있다는 점을 보면, 이들이 별개의 종이 아니라 늑대의 아종이라고 볼 수 있다. 코요테는 집개와도 교배 가능하기 때문에 개와도 동종이라 할 수 있지만, 현재는 다른 종으로 취급된다. 자칼의 경우 늑대와 차이가 있지만(84쪽) 이 둘은 더 가까운 근연 관계에 있다.

광범위하게 분포된 황금자칼은 아프리카에도 서식하는 것으로 알려져 있었다. 하지만 2015년에 아프리카에 서식하는 개체는 황금자칼과는 다른 별종이라는 사실이 판명되었고 이후 '아프리카황금늑대(84쪽)'라는 이름이 붙여졌다. 즉 자칼의 일종이 아니라 늑대의 한 종류로 분류한 것이다.

이외에도 늑대 계통에는 잔인한 사냥꾼으로 알려진 아프리카의 리카온과 아시아의 승냥이도 포함된다. 이들은 각각 다른 특징을 갖고 있지만, 그 경계는 상당히 모호하다.

유전자 분석 기술의 발전에 힘입어, 이들의 관계를 나타내는 '계통수(系統樹, 생물의 진화 과정을 나무의 줄기와 가지로 표시하는 것-역주)'가 계속 수정되고 있다. 즉 야생 개의 현재 분류도 과도기의 것에 불과하다.

자칼에서 늑대로, 아프리카 황금늑대

학명 – Canis anthus
영어명 – African Golden Wolf

황금자칼로 알려졌던 이 종은 신화에도 등장할 정도로 오래 전부터 인간과 가깝게 지내왔다. 고대 이집트 신화에 등장하는 명계의 지배자 아누비스(Anubis)는 자칼의 머리에 인간의 몸을 지니고 있어, 일명 자칼의 신이라고 불린다. 위 사진의 주인공이 계통상 황금자칼이 아니라 황금늑대라고 하니, 이제 신화의 해설도 고쳐 써야 하지 않을까.

촬영지 | 케냐
(샤바 국립 야생동물 보호구역)
촬영자 | Malcolm Schuyl

진짜 흰색의
야생 개, 북극여우

야생 개의 4개 계통 중에서 가장 많은 14종을 보유한 것이 붉은여우 계통이다. 남아메리카 계통에도 '여우'가 7종 있고, 회색여우 계통의 2종도 여우라 불린다. 야생 개의 종들 중에서 절반 이상이 '여우'다. 그러면 여우란 도대체 무엇인가?

일반적으로 여우라고 하면 붉은여우를 말한다(아종이 약 47종으로, 현재 모든 육상 야생동물 중 분포 지역이 가장 넓다). 이 붉은여우와 같은 '여우속(Vulpes)'에 속한 종이 우리가 평소에 이미지로 떠올리는 여우에 가깝고, 이들은 모두 붉은여우 계통이다.

한편 남아메리카 계통의 여우 7종 중 6종은 남아메리카여우속(Lycalopex)이다.

또 회색여우 계통의 여우 2종은 모두 회색여우속(Urocyon)이다. 이들은 여우라고는 불리지만, 몸의 기본적인 구조와 성격은 여우와 좀 다르다.

더 복잡한 것은 문화권에 따라서도 상이하다는 점이다. 남아메리카 계통 중 호리여우(Hoary Fox)와 게잡이여우(Crab-eating Fox)의 경우, 한국과 영어권에서는 여우(폭스)라 부르지만 일본에서는 개(이누)라고 부른다. 여우란 이름이 붙어 있지만 우리가 떠올리는 이미지와 상당히 다른 경우도 있다.

앞에서 붉은여우 계통 중 여우가 아닌 1종이 있다고 했는데 바로 너구리다. 갯과 동물은 진화 과정에서 숲을 나와 평원으로 서식지를 옮겼는데, 이와 달

리 숲에 남아서 진화한 동물이 바로 너구리다. 너구리는 일반적으로 몸 전체가 갈색을 띠고 있으며, 눈 주위와 다리는 검은 편이다. 하지만 13쪽처럼 몸 전체가 하얀 종(백변종)도 존재한다. 여기서 말하는 너구리는 '미국너구리(Raccoon)'가 아니라 동아시아 원산의 갯과 동물(Raccoon Dog)이다.

우리는 무엇을 여우라고 생각하고 무엇을 개, 혹은 늑대라고 생각할까? 각 계통에 대해 알고 있는 것만으로도 호기심과 상상력이 자극될 것이다. 그 실체를 이 책에서 천천히 확인해보길 바란다. 책을 다 읽고 난 후 개와 늑대, 여우에 대해 당신이 어떤 이미지를 떠올릴지가 무척 궁금하다.

좌 | 북극여우

학명 – *Vulpes lagopus*
영어명 – Arctic Fox

우 | 너구리

학명 – *Nyctereutes procyonoides*
영어명 – Raccoon Dog

알래스카 북동부에서 해발 3,000미터의 브룩 산맥(Brooks Range)에 걸친 이곳은 북극권 국립 야생보호구역으로 지정되어 있다. 북극해에 면한 풍부한 자연환경을 가지고 있어 수많은 야생동물들의 보금자리 역할을 한다. 영하 50도까지 떨어지는 혹독한 북극권의 환경에 적응한 북극여우도 그중 하나다. 겨울 동안 아름답고 멋진 순백의 털을 두르고 있는 북극여우는 사진에서처럼 눈이 가장 적은 해안에서 지낸다고 한다.

촬영지 | 미국(알래스카 주)   촬영자 | Accent Alaska

동아시아가 원 서식지인 너구리는 모피 거래와 함께 유럽으로 유입되어 분포 지역이 넓어졌다. 너구리는 노란색을 띤 흑갈색(또는 회갈색)의 털을 갖고 있다. 흰 너구리는 유전질환으로 멜라닌 색소를 합성하지 못하는 백색증 개체(알비노) 또는 돌연변이로 인한 백변종 개체 중 하나다. 사진의 너구리는 눈동자가 빨갛지 않으므로 백변종 개체다. 이런 개체는 사육시설에서 인공 번식을 통해 태어나는 경우가 많다. 너구리는 지금도 모피용으로 사육되는데, 너구리의 털은 붓으로 만들 정도로 유명하다. 특히 흰털은 귀하게 여겨진다.

촬영지 | 독일   촬영자 | Frank Sommariva

가짜 흰색의
야생 개, 너구리

빙하와 구름과 늑대

구름이 길게 뻗은 알래스카 주 남부 카트마이 국립공원의
경사지에 홀로 서서 멀리 빙하를 바라보는 회색늑대
(Canis lupus). 자연보호구역으로 지정된 이곳은 늑대의
천적이라 할 수 있는 불곰이 많기로 유명하다. 2,000마리
이상으로 추정되는 세계 최대 불곰 보호지역이다. 회색늑
대의 서식지는 한때 해발 4,000미터가 넘는 고산지대로
까지 확대되었다.

촬영지 | 미국(알래스카 주)
촬영자 | Andy Rouse

회 색 늑 대

늑대의 세계에
오신 것을 환영합니다

우리는 빙하가 보이는 산맥에서

바람에 갈기를 휘날리며

시간의 저편으로 여행을 떠난다.

꿈은 푸른 빙하에 맡기고

지금, 길을 나선다.

저 멀리 동족의 반가운 울음이 들려오는 곳으로.

왜 인간은 먼 곳의 늑대 울음소리에 매료되는 걸까?

늑대 소리라고 하면, 멀리서 늑대가 울부짖는 모습을 떠올릴 것이다. 슬픈 목소리를 더 멀리까지 닿게 하려는 듯 하늘을 우러러보며 한껏 목청을 돋운다. 마치 인간에게 어떤 말을 전하려는 듯이 말이다. 늑대가 내는 소리는 크게 6가지로 나뉜다. 쿵쿵거리는 소리, 으르렁거리는 소리, 낮게 신음하는 소리, 외치는 소리, 입이나 성대 이외의 기관(코나 다리 등)을 울려서 내는 소리, 그리고 멀리서 길게 울부짖는 소리다. 이러한 소리에 얼굴 표정이나 자세, 냄새 등의 정보를 조합해 의사를 전달한다. 의사전달의 복잡한 구조는 알 수 없지만, 소리 자체에 대해서는 여러 해 동안 연구가 진행되어 소리의 다양한 성질이 분석되었다. 발정기에는 쿵쿵거리는 소리를 내서 이성을 유혹하고, 경계할 때는 으르렁거린다. 위협할 때는 낮게 신음하는 소리를 내고, 놀랐을 때는 외치듯이 소리를 지른다. 그리고 연구자들이 가장 흥미롭게 연구한 멀리서 울부짖는 소리가 있다.

늑대의 울부짖는 소리는 3가지 역할을 한다. 첫 번째는 멀리 떨어져 있는 동료들에게 의사를 전달하기 위해서다. 즉 동료에게 자신의 위치를 알려주거나 동료의 대답을 요구하는 것이다. 두 번째는 서로의 유대를 다지기 위해서다. 예를 들어 사냥에 나서기 전에 멀리 바라보며 울부짖는 행위는 무리의 마음을 하나로 모아주는 역할을 한다. 세 번째가 가장 중요한데, 무리끼리 쓸데없이 마주치거나 싸우는 일을 피하기 위해 자신의 세력권을 다른 무리에게 알리기 위함이다. 늑대는 최대 20마리까지 무리를 지어 지름 약 10~20킬로미터의 세력권 내에서 활동한다. 주변부에서 무리끼리 마주치지 않기 위한 노력이 필요하다.

멀리서 다른 무리의 울부짖는 소리가 들린다면 응답하지 않고 조용히 피하는 것이 상책이다. 하지만 신선한 먹이가 있거나 어린 새끼가 있다면 그 자리에 머무르면서 울음소리에 응답하는 경우가 많다고 한다. 자신들의 거처를 알림으로써 상대가 피해주기를 기대하는 것이다. 그런데 이는 오히려 상대방에게 공격의 기회를 제공할 위험도 있으므로 응답 여부를 판단하기가 쉽지 않다. 어쨌든 늑대는 상황에 따라 그 결정을 내린다.

멀리서 길게 울부짖는 늑대 소리는 한때 인간에게 공포의 대상이었지만, 지금은 그 소리에서 야생의 생명력을 느끼는 사람들이 많다고 한다. 먼 옛날 자연이라는 고향을 떠나온 인간이 느끼는 원초적 그리움이 아닐지.

눈 속에서 울부짖는 회색늑대 한 쌍. 깊숙한 곳에서 흘러나오는, 흐느끼는 듯한 울음소리는 한때 소름 끼치는 공포를 불러일으키는 소리였다. 하지만 지금은 아름다운 자연을 연상시키는 야생에서 들려오는 음악이 되어 많은 사람들을 매료시키고 있다.

촬영지 | 북아메리카   촬영자 | Tim Fitzharris

하늘을 향해 울부짖는
숲속의 늑대

미네소타 주 북부 노스우즈 숲에서
고독한 회색늑대가 하늘을 향해 울
부짖고 있다. 북아메리카 대륙의 북
쪽으로 뻗어 있는 이곳은 호수가 많
기로 유명하다. 1년의 절반은 눈과
얼음에 갇혀 있고, 영하 50도까지 내
려가는 얼어붙은 숲이다. 이곳의 서
식 환경을 말해주듯 북아메리카에서
는 회색늑대를 흔히 팀버늑대
(Timber wolf)라고 부른다.

촬영지 | 미국(미네소타 주)
촬영자 | Jim Brandenburg

늑대들이 살아가는 세상

늑대의 서식지는 사막에서 북극권까지 광범위하게 분포되어 있다.
그중 우리 인간의 세상과 가까이 있는 서식 환경을 소개한다.

단풍으로 덮인 초원

캐나다 본토의 북쪽을 흐르는 트리
강 부근에서 늑대 4마리가 산책하고
있다. 3마리는 아직 어린 늑대다. 강
은 이누이트가 사는 키틱미오트(Kiti
kmeot) 지역을 가로질러 북극해로
흘러간다. 주변에는 아름다운 단풍으
로 덮인 초원이 펼쳐지고 늑대 12마
리가 그곳에서 살아간다. 이곳은 풍
요로운 자연이 잘 보존되어 있어 1미
터가 넘는 북극곤들매기(연어과의 민
물고기)를 비롯해 북극곰과 북극늑대
등 다양한 야생동물이 살고 있다.

촬영지 | 캐나다(누나부트 준주)
촬영자 | Jason Pineau

숲과 해변

캐나다 서부의 해변 바위에서 쉬고
있는 동부늑대. 파도치는 바닷가 암
벽은 그레이트베어(Great Bear) 우
림지대의 낙엽으로 덮여 있다. 840
만 헥타르에 이르는 광대한 숲으로
뒤덮인 이곳은 세계에서 가장 큰 온
대 우림 연안이다. 사람의 손이 거의
닿지 않은 자연이 남아 있어 많은 야
생동물이 살아간다. 늑대가 사는 연
안에는 복잡하게 후미진 크고 작은
섬들이 밀집해 있다. 이곳 연안 환경
에 적응한 늑대는 내륙의 늑대와는
다른 그룹으로 분류된다.

촬영지 | 캐나다(브리티시컬럼비아 주)
촬영자 | Nick Garbutt

외딴섬에서 사는 밴쿠버섬늑대

작은 따개비가 다닥다닥 붙어 있는 바위. 큰 해초 뒤에 숨어 조용히 앞을 응시하는 늑대가 있다. 알래스카에 접해 있는 브리티시컬럼비아 주의 태평양 연안은 피오르드(fjord) 지형이 발달해 있고, 그 남단에는 밴쿠버 섬이 있다. 영어로 '밴쿠버아일랜드 울프'라고 불리는 이 늑대는 앞에서 언급한 내륙의 늑대나 연안의 늑대와 다르게 체격이 작은 종으로, 이 섬 고유의 독자적인 아종으로 분류된다. 섬의 환경에 힘들게 적응한 이 늑대들에게는 해안가의 따개비나 거북손, 바다의 갑각류도 소중한 식량이다.

촬영지 | 캐나다(밴쿠버 섬)
촬영자 | Bertie Gregory

바다에 사는 회색늑대

늑대는 일반적으로 내륙에 서식하면서 사슴이나 염소 등을 사냥해서 먹이로 삼는다. 그런데 일반적으로 알려진 것과는 달리 캐나다 서부 브리티시컬럼비아 주의 해변에는 연어와 갑각류 등 해양 생물을 먹이로 삼아 살아가는 종이 있다. 캐나다 생물학자와 환경보호 운동가들이 2000년대 초반부터 10년에 걸쳐 이 종에 대해 조사를 진행했다. 넓은 지역에서 늑대의 변을 채취해 분석하는 방법으로 그들의 생태를 확인했다고 한다. 먼저 대륙 연안부와 대륙에 인접한 섬으로 나뉘어서 2종의 늑대가 서식한다는 사실이 확인되었다. 대륙에 사는 늑대는 연어를 주식으로 하는 데 반해, 섬에 사는 늑대는 따개비 등의 갑각류와

청어알, 고래의 시체, 심지어 바다표범까지 먹이로 삼는다. 상당히 독특한 생태이지만, 예전에는 이곳뿐 아니라 북쪽으로 접한 알래스카 주와 남쪽으로 접한 미국 워싱턴 주의 연안에도 이런 생태의 늑대가 있었을 것이라고 한다. 하지만 모두 수렵에 희생되어 사라졌다. 결국 광대한 숲이 있고 인구가 적은 캐나다의 이 지역에서만 살아남을 수 있었다.

상당히 귀한 존재이지만 이 늑대들의 미래도 위태롭기 그지없다. 대규모 파이프라인 건설 계획이 진행되고 있기 때문이다. 공사가 시작되어 연안에 유조선이 자주 드나들게 되면, 머지않아 늑대가 살아갈 환경은 사라지고 말 것이다.

회색늑대를 대표하는 유라시아늑대

회색늑대의 대표적인 아종인 유라시아늑대(Canis lupus lupus)가 최초로 발견된 모습이다. 회색늑대 종의 기본이므로 기아종(基亞種) 또는 원명아종(原名亜種)이라고 한다. 북방의 유라시아늑대는 중동과 인도 등 남방 늑대에 비해 몸집이 크다. 수컷이 약 50킬로그램, 암컷이 약 40kg이다. 공식 기록상 최대 몸무게는 우크라이나에서 사살된 86킬로그램의 개체다. 단단한 몸집에, 몸길이(꼬리 길이를 뺀 수치)는 수컷이 약 150센티미터, 몸높이(지면에서 어깨까지)는 약 70센티미터다. 늑대는 길쭉한 두개골을 가지고 있는데, 유라시아늑대는 다른 아종보다 두개골이 좀 더 좁고 코가 더 가늘고 길다. 중앙 유럽과 북유럽, 구소련 등의 삼림지대에 널리 분포하고 있었으나 현재는 개체수가 급속히 줄고 서식지도 감소되는 추세다. 서유럽 대부분 지역에서 멸종 위기에 처해 있다. 노르웨이는 1973년에 마지막 늑대가 죽으면서 멸종되었다. 이후 '재도입'을 했지만, 2017년 노르웨이 정부는 42마리의 사살을 허가했다. 이는 노르웨이에 서식하는 늑대의 75퍼센트에 해당하므로 국제적으로 큰 논란이 되었다.

촬영지 | 노르웨이   촬영자 | Jasper Doest

회색늑대의 몸을 관찰하다

길고 강한 뒷다리는 순발력이 있고 힘을 응축할 수 있다. 발뒤꿈치를
땅에 대지 않고 발가락만으로 걷는 지행성(趾行性) 동물로 조용히 걷
고 경쾌하게 달린다. 고양잇과 동물과 달리, 갈고리 모양의 날카로운
발톱을 숨길 수 없기 때문에 발톱 끝이 닳아서 둥그스름하다. 체온을
유지해주는 빽빽한 털은 바깥쪽의 거친 털과 안쪽의 부드러운 털로 되
어 있고, 길이가 6∼10센티미터로 긴 편이다. 얼굴과 사지의 털은 짧
다. 꼬리의 길이는 30∼56센티미터 정도다. 꼬리의 뿌리 부분에는 꼬
리샘이, 항문에는 2개의 항문샘이 있다. 개들은 서로의 항문이나 생식
기 주변의 냄새를 자주 맡는데, 늑대는 가끔씩만 하는 행동이다. 늑대
는 냄새만으로 성별은 물론 나이까지 파악한다고 한다. 또 항문샘의 분
비물이 섞인 대변을 특정 장소에 남겨둠으로써 동료에게 다양한 메시
지를 전한다는 연구도 있다.

촬영지 | 노르웨이   촬영자 | Jasper Doest

회색늑대가 알래스카 주 남부의 카트마이 국립공원 해변에서 강으로 거슬러 올라오는 연어를 잡고 있다. 캐나다 해안 일부 지역에서 연어를 비롯한 조개류와 바다동물을 먹는 '해변의 늑대'가 있는데, 8월의 알래스카에서도 같은 광경을 볼 수 있다. 최근 연구에 따르면 멸종된 홋카이도의 에조늑대도 캐나다 해변의 늑대와 마찬가지로 연어를 주로 먹고 해산물에 의존하는 식성이었다고 한다.

촬영지 | 미국   촬영자 | Oliver Scholey

곰처럼 물고기도 먹는 늑대
—

야생 늑대는 하루에 2.5~10킬로그램의 먹이를 섭취한다. 매일 그만한 양의 먹이를 구하려면 작은 먹잇감만으로는 충당할 수가 없다. 따라서 늑대는 사슴이나 카리부(북아메리카에 서식하는 순록) 등 유제류(有蹄類, 발굽을 가진 포유동물)를 비롯해 대형 초식동물을 주로 포획한다.

늑대는 세력권 내에서 무리를 지어 하루에 수십 킬로미터를 돌아다니며 먹이를 찾는다. 사냥감을 발견하면 쫓아가서 목을 물어 쓰러뜨린 다음 먹이가 움직이지 않을 때까지 누르는 것이 기본 사냥법이다. 출혈과 상처가 거의 없어도 먹이의 목에 구멍이 뚫리기만 하면 잠시 후에 숨이 끊어진다. 때로 늑대 무리들은 살아 있는 먹이를 산 채로 찢어 먹기도 한다. 큰 먹이를 얻게 되면 단시간에 모두 먹어치운다. 24시간 내에 최대 20kg까지 먹을 수 있다. 그 후에는 며칠 동안 아무것도 먹지 않고 또 다음 먹이를 찾아서 배회하는 일상을 반복한다.

사냥의 성공률은 10~30퍼센트에 불과하다. 게다가 사냥 상대가 몸집이 크다면 당연히 늑대도 상처를 입고 죽을 수도 있다.

결코 쉬운 일이 아니다. 그래서 그들은 보완적으로 다양한 것들을 먹는다. 쥐, 다람쥐 등의 소형 포유류를 비롯해 곤충, 새, 죽은 동물의 고기와 인간이 내놓은 쓰레기까지, 구할 수 있는 것은 무엇이든 먹는다. 실제로 늑대는 상당한 잡식성이다.

그 다양한 식성 중에서도 오랫동안 잘 알려지지 않았던 것이 물고기다. 앞에서도 말했듯이 북아메리카 대륙의 서해안, 특히 캐나다 남서부의 태평양 해안에서 늑대가 연어를 잡는 모습이 관찰되었다. 연어는 산란하기 위해 매년 가을 이 해역을 거쳐 강으로 돌아가는데, 늑대가 이때를 노려 연어를 잡아먹는 것이다. 20일에 걸쳐 관찰한 결과, 늑대는 평균 1시간에 약 21마리의 연어를 포획해서 머리만 뜯어먹고 나머지 대부분은 버린다는 것이 확인되었다. 대량으로 먹이를 얻을 수 있으므로 아마도 가장 영양가 있는 부분만 골라 먹는 듯하다.

대형 동물 사냥에 비해 연어를 잡는 일은 단순하고 위험도 적으므로 이렇게 적응한 것이라 추측된다. 늑대가 어떤 환경에서든 살아갈 수 있는 이유는 먹이에 대한 유연한 적응력 때문일 것이다.

상 | 연어를 쫓는 동부늑대

그레이트베어 우림지대에 여름이 왔다. 캐나다 브리티시컬럼비아 주의 태평양 연안
에 펼쳐진 온대 우림지대인 이곳은 8월이 되면 은연어가 강으로 돌아가기 위해 거치
는 장소다. 어두운 갈색 털빛의 동부늑대가 연어를 쫓고 있다. 캐나다 브리티시컬럼
비아 주와 미국 알래스카 주 남동부 해안에 사는 늑대는 내륙의 늑대보다 20퍼센트
정도 몸집이 작다. 이들은 한때 태평양 연안의 거의 모든 지역에 서식했다고 한다.
해변의 늑대는 식성도 내륙의 늑대와 달라서, 10월 이후의 산란기에는 먹이의 4분의
1을 연어로 채운다.

촬영지 | 캐나다　　촬영자 | Jack Chapman

하 | 와피티사슴을 습격한 회색늑대

캐나다 앨버타 주 서부에 위치한 밴프(Banff) 국립공원은 세계유산에 등록되어 있다.
회색늑대가 이 공원을 흐르는 강 속으로 와피티사슴(엘크사슴)을 몰아붙이고 있다.
하지만 사냥이 만만치는 않다. 무리가 아닌 단독으로 대형 사슴을 사냥하는 것은 어
려운 일이다. 사냥감으로 쫓기는 이 사슴들도 늑대가 무리지어 온 것이 아니란 사실
을 알고 있다. 이럴 경우 위험을 감지한 늑대가 바로 사냥을 포기하기도 한다.

촬영지 | 캐나다　　촬영자 | Chris Stenger

곰과 늑대는 라이벌인가, 연인인가?

곰과 늑대는 생활권이 겹치는 경우가 많지만, 기본적으로 서로에게 관심이 없다. 그러나 일단 사냥감이 겹치면 상황이 달라진다. 늑대가 먹이를 갖고 있는 모습을 발견하면 곰은 가차 없이 그것을 빼앗으려고 한다. 이때 여러 마리의 늑대가 곰 한 마리와 싸우는 경우가 많은데, 숫적 열세에도 불구하고 압도적으로 힘이 센 곰이 우세하다. 늑대가 공격을 시도해보지만 오히려 곰이 늑대에게 돌진해 앞발을 휘저으며 반격을 가한다. 이쯤 되면 늑대가 물러날 수밖에 없다. 결국 곰이 늑대의 먹잇감을 차지하고 싸움은 종료된다.[1]

그런데 핀란드 북부의 광야에서 기존의 관념을 뒤엎는 광경이 야생동물 사진가의 카메라에 포착되었다. 젊은 수컷 큰곰과 젊은 암컷 회색늑대가 10일간이나 먹이를 사이

좋게 나눠 먹고, 쉬거나 놀 때도 줄곧 붙어 있었던 것이다. 사진가에 따르면 이 늑대는 부근에 서식하는 다른 곰에게도 똑같은 대우를 받고 있었다고 한다. 이 늑대가 어떻게 곰과 가까워졌는지 모르겠으나, 이것이 매우 희귀한 광경임엔 틀림이 없다. 이런 상황은 야생동물 간의 관계가 지금까지 우리가 상상했던 것보다 훨씬 다양할 수 있음을 시사한다.

※1 – 회색늑대와 회색곰의 일반적 사례와 달리, 세력권에 침입한 북극곰을 회색늑대 무리가 쫓아내는 모습이 관찰되기도 했다.

좌 | **로미오 곰과 줄리엣 늑대**

핀란드 서부 쿠흐모(Kuhmo)의 여름 습지. 사이좋게 붙어 있는 젊은 수컷 큰곰과 암컷 회색늑대. 자연계에서는 이 두 종이 대립하는 관계이므로 사진가는 이들을 로미오와 줄리엣이라 불렀다. 한편 캐나다에서는 반려견과 사이좋게 지내는 야생 북극곰이 화제가 되었다.

우 | **우리 사이는 30센티미터**

부끄러움이 많아 무리들과 떨어져 혼자 식사하는 젊은 수컷 곰에게 젊은 늑대 한 마리가 다가갔다. 밝은 색 털을 가진 아름다운 암컷이다. 서로에게 호감을 가진 듯 늑대는 곰에게 먹을 것을 주었고, 고기 한 덩어리를 사이좋게 나눠 먹었다. 함께 먹이에 이빨을 깊숙이 꽂는 순간, 거리는 불과 30cm였다. 이 덧없는 사랑은 1주일 넘게 계속되었다고 한다.

좌/우 촬영지 | 핀란드   촬영자 | Lassi Rautiainen

상 | 날카로운 눈빛으로 돌진

1872년 설립된 세계 최초의 국립공원, 옐로스톤에 서식하는 늑대는 1926년 멸종되었다가 1995년에 재도입되었다. 그 후 그곳에 사는 초식동물이 분산되었고, 초원과 수목들이 다시 살아나는 결과로 이어졌다. 회색늑대 한 마리가 날카로운 눈빛으로 키큰 풀숲을 뛰어넘어 무엇엔가 달려들고 있다. 뒷다리의 관절은 부드럽고 순발력이 있어 크게 점프할 수 있다. 쥐처럼 작은 먹이를 발견하면 여우처럼 아치를 그리며 뛰어올라 탄탄한 앞다리로 먹이를 짓눌러 버린다.

촬영지 | 미국   촬영자 | George Sanker

우 | 인간의 시선을 맞받아내다

눈 덮인 자작나무 숲에서 빨려들 것 같은 시선을 보내고 있는 한 쌍의 유라시아늑대. 검은 테를 두른 듯한 호박색 홍채에 검은색 '동공'이 도드라져 보인다. 인간이 늑대의 눈을 바라보면 늑대도 똑같이 마주 쳐다본다. 갓 태어난 새끼 늑대의 홍채는 새끼 고양이의 눈처럼 파란색인데 생후 약 8개월이 되면 호박색으로 변한다.

촬영지 | 노르웨이   촬영자 | Jasper Doest

늑대의 눈빛은
왜 강렬할까?

인간이 늑대에게 공포심을 느끼는 이유 중 하나는 날카로운 눈빛이다. 인간과 마찬가지로 늑대의 눈도 흰자위와 검은자위로 구분되며, 검은자위는 색깔이 있는 홍채와 그 안쪽의 동공으로 이루어진다. 늑대 눈의 흰자위 부분은 주변의 털로 가려져서 잘 보이지 않는다. 하지만 눈 주변이 검어서 홍채가 인간의 흰자위처럼 밝아 보이므로, 중앙에 있는 동공이 인간의 홍채처럼 도드라져 보인다. 인간의 시선처럼 방향을 뚜렷하게 알 수 있어 쳐다보는 눈길이 날카롭게 느껴지는 것이다.

반면 늑대를 제외한 갯과 동물은 늑대와 반대로 홍채의 색이 진해서 시선이 강하지 않은 종이 많다. 교토대학 야생동물연구센터는 시선이 강한 종과 강하지 않은 종의 차이를 조사했다. 그 결과 무리지어 행동하는 종은 단독으로 행동하는 종보다 시선이 강했고, 무리로 행동하는 종 중에서도 무리가 협력해서 먹이를 얻는 종은 시선이 더욱 강렬한 경향이 있었다. 이는 의사를 전달할 때 시선이 중요한 역할을 한다는 사실을 시사한다.

기본적으로 무리지어 사는 늑대는 의사 전달에 시선을 많이 사용한다. 다른 갯과 동물보다 무리의 동료를 오랫동안 쳐다본다는 의미다. 시간을 들여서 상대의 시선을 읽고, 상대가 자신의 시선을 읽도록 한다. 우리에게 날카로운 시선을 보낼 때 역시 우리의 마음을 읽고 있는 것이 아닐까.

야생에서
멸종된 늑대들

늑대는 예외 없이 세계 모든 곳에서 박해를 받았다.
특히 일본처럼 늑대가 도망갈 곳이 없는 섬 지역은 멸종된 지 오래다.
야생의 세계에서는 멸종했지만 적극적인 보호활동 덕분에
보호 지역과 사육시설에서 생명을 유지하고 있는
늑대 종 혹은 아종들이 있다.

붉은늑대, 멕시코늑대

북아메리카 대륙에 널리 분포하는 늑대는 회색늑대다. 그런데 18세기 말 미국 남동부에서 이와는 다른 종으로 보이는 늑대가 발견되었다. 바로 붉은늑대다. 19세기 후반에 이르러 이 늑대가 회색늑대의 아종이 아니라 별개의 종이라는 결론이 내려졌다. 붉은늑대는 본격적인 연구가 시작된 1960년대에 이미 멸종 위기에 이르렀고 1980년 전후에는 야생에서 멸종되었다. 다행히 멸종되기 전에 보호해둔 약 30마리를 번식 프로그램에 따라 번식시켰는데, 그 개체에서 수백 마리의 새끼가 태어나 현재 야생에서 서식하고 있다. 붉은 늑대가 멸종된 첫 번째 원인은 인간이다. 미국 남동부 개척시대 초기, 붉은늑대가 가축을 습격하자 목장주들에 의해 무차별적으로 제거되었기 때문이다. 서식지를 잃은 늑대들은 이동해

간 곳에서 코요테와 교배했고 기생충에 감염되기도 하면서 그 수가 급감했다. 멕시코늑대 역시 1970년대에 이미 멸종 위기에 있었다. 멕시코와 미국 남서부 애리조나 주, 뉴멕시코 주, 텍사스 주에서 서식하던 멕시코늑대는 회색늑대의 아종으로, 목장의 소를 잡아먹는다는 이유로 제거되어 멸종 직전에 이른 것이다. 1976년 멕시코늑대를 멸종 위기종으로 지정하고 야생에 남아 있던 개체를 포획해 보호하면서 번식 프로그램을 시작했다. 1998년에는 야생종의 개체수를 복원하기 위해 11마리를 자연으로 돌려보냈다.

이처럼 늑대를 자연계로 '재도입'하는 것은 생태계에 영향을 미칠 뿐만 아니라, 사람이나 가축의 안전을 해칠 우려가 있기 때문에 신중해야 한다. 1995년

미국 북서부에서 회색늑대를 재도입한 사례를 보면, 이러한 시도를 하기 전에 사전 준비(실행 조건과 방법에 대한 검토, 환경영향평가 등)와 논의를 하는 데 약 20년의 시간이 필요했다. 그 결과 미국 북서부 지역에서 여러 차례에 걸쳐 재도입된 수십 마리의 회색늑대가 예상보다 더 많이 번식했고, 재도입을 시작한 지 10여 년 만에 1,700마리로 늘어났다. 한편 멕시코늑대는 재도입 후 8년이 지난 2006년까지 100마리를 목표로 했지만, 2010년 시점에서 50마리에 그쳤다. 그 뒤 재도입 방법이 수정되면서 2016년에는 100마리를 넘어섰다. 2017년 기준으로 적어도 143마리가 야생에서 서식하고 있으며, 약 240마리가 번식 시설에서 사육 중인 것으로 확인되었다.

좌 | 붉은늑대

학명 – Canis rufus / Canis lupus rufus
영어명 – Red Wolf

전체적으로 붉은빛을 띤다. 특히 머리에서 목, 사지에 걸쳐 붉은 털이 많다. 털색은 개체별로 달라서 회색부터 연한 갈색, 계피색, 붉은색, 검은색에 가까운 것까지 다양하다. 등과 꼬리는 색이 진하고 배 부분은 연하다. 몸 전체가 검은 종류도 있었는데 지금은 멸종되었다. 코끝에서 몸통까지가 135~165센티미터, 꼬리가 25~46센티미터, 몸무게가 16~41킬로그램이다. 가장 큰 수컷도 유라시아늑대 암컷 크기에 불과하다. 한 쌍부터 12마리까지 가족 단위로 무리를 지어 살고, 보통 생후 2년이 지나면 무리를 떠난다. 무리는 여러 개의 굴을 소유하고 공동으로 육아를 한다. 보호지역에 재도입되었지만, 코요테와도 교잡을 하므로 순혈종이 존속될지 우려된다.

우 | 멕시코늑대

학명 – Canis lupus baileyi
영어명 – Mexican gray wolf

노란색을 띤 회색과 칙칙한 황갈색의 털을 가진 멕시코늑대. 등에서 꼬리까지 검은색 털로 덮여 있다. 북아메리카에서 가장 작은 회색늑대의 아종으로, 머리가 작고 좁은 편이다. 어른 수컷의 총길이는 157센티미터, 꼬리는 41센티미터, 뒷다리는 26센티미터라는 기록이 남아 있다. 애리조나에 재도입된 멕시코늑대의 식성(여름철)을 조사해보니 대형 사슴류인 와피티사슴이 80퍼센트, 소(가축)가 16.8퍼센트, 쥐 등 설치류가 2퍼센트, 그 외 노새사슴과 토끼, 다람쥐였다.

북유럽의 회색늑대

—

스칸디나비아(주로 스웨덴과 노르웨이)에서는 야생 늑대가 1960년대에 한 차례 멸종된 적이 있으나 현재는 약 400마리가 서식하고 있다. 늑대가 부활할 수 있었던 것은 1980년대에 핀란드와 러시아에 걸쳐 서식하던 3마리의 늑대가 스웨덴 남부로 건너왔기 때문이다. 그 후 점차 개체수가 증가하여 20여 년이 지나자 약 200마리까지 늘어났다. 또한 2008년에 같은 지역에서 2마리가 더 이동해 와서 현재에 이르렀다.

멸종했다가 부활하게 된 것은 다행이지만, 대부분 근친 번식을 계속함에 따라 신체적으로 문제가 발생하고 있다. 골격과 치아, 생식 기능에 이상이 나타나는 경우가 적지 않으며, 많은 개체들이 채 성숙하기 전에 죽어버리므로 미래가 위태로운 상황이다.

그중에서도 노르웨이에 서식하는 늑대는 60마리 정도에 불과하지만, 가축으로 기르는 양을 습격하는 경우가 있어서 대부분 살처분 될 것으로 예상된다. 환경을 소중히 여기는 이미지가 강한 나라인 만큼 반대의 목소리가 많을 것

같지만 실제로는 찬성하는 목소리가 압도적이라고 한다. 이는 실제적인 경험보다는 전설이나 신화를 통해 '늑대는 무섭다'라는 인식이 깊이 뿌리내리고 있기 때문이라는 견해도 있다.

한편 같은 북유럽인 덴마크에서도 19세기에 멸종된 늑대가 200년 만인 2017년에 발견되어 화제가 되었다. 독일에서 이동해 온 것으로 추측하고 있다. 북유럽 사람들에게 늑대는 비록 숫자는 적지만 존재감만은 엄청나다는 사실을 미루어 짐작할 수 있다.

좌 | 노르웨이의 늑대

순백의 눈이 융단처럼 깔려 있고 그 위로 자작나무가 듬성듬성 솟은 숲에 늑대들이 조용히 서성이고 있다. 노르웨이 트롬쇠(Tromsø)의 폴러 파크(Polar Park)는 대자연의 한 모퉁이에 울타리만 쳐서 구분해놓은 동물원이다. 세계 최북단에 위치한 이 자연 동물원은 비록 사육 환경이지만, 아름다운 자연 속에서 늑대를 쓰다듬거나 울음소리를 들으며 친밀한 접촉이 가능하다.

촬영지 | 노르웨이   촬영자 | Jasper Doest

우 | 핀란드의 늑대

설원의 고목에 앉아 있는 검독수리를 올려다보며 군침을 삼키는 핀란드 늑대. 늑대가 날지 못한다는 것을 아는 검독수리는 여유로운 모습니다. 겨울철 이 늑대의 주식은 자신의 몸무게의 10배가 넘는 말코손바닥사슴이다. 먹이의 90%라 해도 과언이 아니다. 핀란드 오울루 대학의 조사에 따르면, 어른 늑대는 하루 3.6킬로그램의 고기를 먹어야 한다. 1개월이면 100킬로그램, 10마리의 무리라면 1톤이다. 물론 겨울에는 말코손바닥사슴 외에도 순록, 산토끼, 너구리, 죽은 동물뿐 아니라 사진처럼 조류도 먹는다.

촬영지 | 핀란드   촬영자 | Lassi Rautianinen

이탈리아늑대

학명 – *Canis lupus italicus*
영어명 – Italian Wolf

이탈리아 반도의 아펜니노 산맥과 서부 알프스 산맥에 서식한다. 회색늑대의 소형 아종으로, 몸무게는 25~35킬로그램이지만 큰 수컷은 45킬로그램에 몸길이가 110~148센티미터, 어깨높이가 50~70센티미터나 된다. 털색은 회갈색이며 여름에는 적색을 띤다. 뺨과 복부의 털은 밝고, 등과 꼬리 끝에 검은 빛의 띠 모양이 보인다. 간혹 앞발에도 검은 띠가 관찰된다.

촬영지 | 이탈리아(치비텔라 알페데나)
촬영자 | Saverio Gatto

이베리아늑대

학명 – *Canis lupus signatus*
영어명 – Iberian Wolf

20세기 초반까지 이베리아 반도에서 흔히 보던 회색늑대의 아종으로, 현재는 스페인 북서부와 포르투갈 북부에만 서식한다. 털은 갈색이 기본으로 흑갈색부터 적갈색까지 다양하다. 입 주변에서 뺨에 걸쳐 하얀 콧수염처럼 흰 털이 있고, 앞다리에는 검은색 수직선이 있다. 꼬리에는 검은 반점이 있으며, 등에는 안장을 얹어놓은 듯한 어두운 색의 십자 무늬가 있다. 이 무늬 때문에 아종의 이름(signatus)이 정해졌다. 몸길이 100~120센티미터, 몸높이 60~70센티미터, 몸무게 30~50킬로그램으로 유라시아늑대보다 작고 북아메리카 동부늑대보다 크다. 체형은 전체적으로 홀쭉하지만 최대 75킬로그램이라는 기록이 남아 있다. 수컷은 40킬로그램이 넘고 암컷은 약 30킬로그램으로, 암컷의 크기는 수컷의 80퍼센트가 안 된다. 독립된 아종이 아니라 유라시아늑대의 일부라는 설도 있다.

촬영지 | 스페인(안달루시아 말라가 안테케라)
촬영자 | Jose B. Ruiz

남유럽의 회색늑대

———

다른 유럽 국가와 마찬가지로 스페인, 이탈리아, 포르투갈에서도 20세기 중반까지 늑대가 계속 감소했다. 1960년대에는 인구가 적은 산악 지역에 소규모 개체군이 고립된 상태로 남아 있을 뿐이었다. 그 후 환경에 대한 목소리가 높아지자, 모든 나라에서 늑대를 보호 대상으로 관리했다. 그 결과 2010년 포르투갈에서는 200~300마리가, 2013년 스페인에서는 1,500~2,000마리가, 같은 해 이탈리아에서는 1,000마리가 안정적으로 서식하고 있는 것이 확인되는 등 계속 증가하는 추세다.

이탈리아는 늑대를 보호하는 과정에서, 늑대가 다시 서식하게 된 숲에 사슴을 방목했다. 그러자 늑대와 사슴이 서로를 먹이와 천적으로 보는 자연계의 관계가 회복되었고, 늑대의 개체수가 증가했다. 또한 늑대가 사는 숲은 개발을 하지 않는 등 인간의 노력이 계속되자, 이탈리아의 늑대 분포 범위가 확대되었으며 그중 일부는 늑대가 이미 멸종된 프랑스로 이동했음이 밝혀졌다.

남유럽은 중북부 유럽에 비해 늑대에게 관대하다고 알려져 있다. 늑대와 인간이 서로를 두려워하면서 박해하려는 경향이 적고, 서로를 공존하는 존재로 받아들인다. 북유럽의 노르웨이인들이 늑대에 대해 공포심을 느끼는 것과는 대조적이다. 이런 이야기들은 유럽에서 인간과 늑대의 관계가 얼마나 깊고 오래되었는지를 알게 해준다.

사막의 늑대

사막으로 뒤덮인 아라비아 반도에는 아라비아늑대가 서식한다. 몸높이가 약 65센티미터에 평균 몸무게는 20킬로그램에 못 미친다. 늑대 중에서 몸집이 가장 작은데, 이는 더위에 적응한 결과일 것이다. 신체에 비해 귀가 큰 이유도 귀를 통해 열을 쉽게 발산하기 위함이다. 이 늑대는 가축이든 뭐든 염소만 한 크기의 동물이라면 닥치는 대로 잡아먹기 때문에 해로운 동물로 여겨져 인간에 의해 제거되어 왔다. 한때 반도의 전역에서 볼 수 있었던 아라비아늑대는 현재 반도 북단에 가까운 이스라엘의 네게브 사막과 이라크, 남단에 가까운 예멘과 오만 등 일부 지역에만 남아 있다. 반면 수렵이 금지된 오만에서는 개체수가 급격하게 증가 중이다. 오만과 함께 늑대의 개체수가 증가한 이라크 지역에서는 늑대가 마을 사람들과 농민에게 위협이 되고 있다는 보고도 있다.

아라비아 반도는 여러 종교가 탄생한 땅이다. 성경 속의 늑대는 동물의 무리를 습격하는 외부의 적으로 상정되고, 배신과 흉포함의 상징으로 묘사된다. 예나 지금이나 변함없이, 늑대와 인간은 이 가혹한 자연환경 속에서 살아가기 위한 투쟁을 이어가고 있다.

아라비아늑대

학명 – *Canis lupus arabs*
영어명 – Arabian Wolf

회색늑대의 아종인 아라비아늑대가 정오의 기온이 50도가 넘는 뜨거운 사막을 홀로 달리고 있다. 이 늑대는 이스라엘에 약 100마리, 전 세계에 불과 1,000마리 정도만 서식하는 희소종이다. 먹이가 절대적으로 부족한 건조지대에서는 다른 지역의 일반적인 늑대처럼 무리를 지어 사냥하기가 어렵다. 가족 단위의 작은 무리나 단독으로 염소의 일종인 누비아 아이벡스(Capra nubiana)의 새끼를 사냥한다. 하지만 아라비아 반도에서 가장 큰 육식동물은 아라비아늑대가 아니라 그의 2배나 큰 몸집에 몸무게가 40킬로그램에 달하는 줄무늬 하이에나다. 북아프리카에서 인도에 걸쳐 서식하는 최대의 적과 먹이를 놓고 혈투를 벌여야 한다.

이스라엘 동물학자들의 보고에 따르면, 드물긴 하지만 아라비아늑대와 줄무늬 하이에나가 협동하는 경우도 있다고 한다. 7마리 늑대 무리의 가운데에서 줄무늬 하이에나 한 마리가 함께 달리는 모습이 포착된 것이다. 곰과 늑대가 친해질 수 있는 것처럼, 황량한 건조지대에서는 육식동물끼리 서로 도우며 살아가는 경우도 있을 것이다.

촬영자 | Roland Seitre

울퉁불퉁하고 어두운 바위동굴로 들어가는 인도늑대. 자동촬영 카메라에 포착된 야생의 순간이다. 아라비아늑대와 비슷하지만 여름에도 등과 허리에 긴 털이 조금 남아 있다. 이란의 수도 테헤란 남쪽에 위치한 카비르 국립공원에는 인도늑대와 줄무늬 하이에나 등의 육식동물과 염소, 양, 가젤 등의 초식동물이 서식한다. 가시가 있는 나무와 덤불, 초원과 사막이 펼쳐지고 아시아치타, 페르시아표범 같은 희소종의 대형 야생 고양이가 서식하는 것이 확인되어 리틀 아프리카로도 불린다. 공원 한가운데는 블랙 마운틴이라는 아름다운 암벽이 있다.

촬영지 | 이란(카비르Kavir 국립공원)   촬영자 | Frans Lanting

인도늑대
학명 – *Canis lupus pallipes*
영어명 – Indian Wolf

인도늑대, 이란늑대

인도늑대는 중동에 널리 분포하는 이란늑대와 모습이 비슷하다. 게다가 분포 지역도 일부 겹치기 때문에 한때 두 늑대는 회색늑대의 동일한 아종으로 간주되었다. 하지만 최근의 유전자 분석에 따르면 두 늑대 사이에 40만 년 이상 교배가 없는 것으로 나타나 별개의 종이라는 것이 밝혀졌다.

인도늑대는 인도를 중심으로, 이란늑대는 중동을 중심으로 널리 분포되어 있으며, 두 늑대 모두 평원과 사막에 서식한다. 늑대 중 몸집이 작은 부류에 들어간다는 점이 특징이다.

두 늑대 모두 현지의 인간들에게 경계와 기피의 대상이다. 특히 인도늑대는 가축 이외에도 인간을 습격하는 경우가 있는데, 대개 어린아이가 표적이 된다. 실제로 늑대에게 납치된 것이 확인된 사례는 없지만, 늑대에게 납치된 아이의 이야기가 전승되고 있는 형편이다. 늑대에게 키워진 소년의 이야기는 전 세계적으로 전승되고 있지만 인도에 특히 많다고 한다.

아시아의 늑대

아시아 대륙의 동부에는 회색늑대의 아종인 티베트늑대와 몽골늑대가 있다. 티베트늑대는 티베트를 포함한 중국 서부에서 인도 북부에 걸쳐 서식하고, 몽골늑대는 몽골에서 중국 북부에 걸친 넓은 지역에 분포되어 있다.

최근의 미토콘드리아 DNA 분석을 통한 유전자검사 결과, 티베트늑대는 개보다 먼저 회색늑대에서 분기(分岐)된 것으로 확인되었다. 마지막 빙하기의 최절정기였던 약 2만 년 전, 그들의 서식지가 고립되어 독자적인 진화를 이루었던 것이다.

한편 몽골늑대는 예로부터 인간과 관계가 깊다. 초원에 사는 몽골인들에게 늑대는 신이고, 숭배의 대상이었다. 늑대가 초원의 풀을 뜯어먹는 몽골가젤을 사냥해서 먹이로 삼았기 때문에, 자신들의 삶의 터전인 초원을 지켜주는 존재라 여겼던 것이다. 늑대는 몽골 민족에게 큰 영향을 미쳤는데 세계 최강 몽골 기병의 전투 방식도 늑대에서 비롯되었다고 전해진다.

티베트늑대
학명 – *Canis lupus filchneri*
Canis lupus laniger
영어명 – Tibetan Wolf

티베트늑대 2마리가 평원을 질주하며 키앙당나귀(Equus kiang)를 몰고 있다. 키앙당나귀는 몸무게 400킬로그램의 세계 최대 야생 당나귀다. 티베트고원의 북부 해발 4,600미터에 위치한 커커시리는 자연 상태가 거의 완벽하게 보존된 자연보호구역으로 30종이 넘는 야생동물이 서식한다. 2017년에는 세계자연유산으로 지정되었다. 영국인에 의해 처음 보고된 기록에 따르면, 고대부터 이곳에 서식해온 티베트늑대는 길고 날카로운 얼굴, 치켜 올라간 눈썹, 넓은 이마, 크고 뾰족한 귀, 옅은 갈색 털을 가졌으며 얼굴 전체와 다리는 노란색을 띤 백색이다. 몸길이는 110센티미터, 몸높이는 76센티미터로 인도늑대보다 크지만 회색늑대의 아종치고는 다리가 약간 짧은 편이다.

촬영지 | 중국(티베트 자치주 커커시리Kekexili)
촬영자 | XI ZHINONG

멸종된 일본늑대

일본에는 한때 2종의 늑대가 있었다. 홋카이도에 서식했던 대형 에조늑대, 그리고 혼슈와 시코쿠, 규슈에 서식했던 소형 일본늑대다. 2종 모두 일본이 유라시아대륙과 육지로 연결되어 있던 100만 년 이전에 다른 대형동물과 함께 건너왔기 때문에 원래는 동종의 늑대였을 것이다. 그 후 약 1만 년 전부터 시작된 충적세에 혼슈가 홋카이도에서 분리되자 이들은 다른 진화의 길을 걷게 되었다. 이 시기에 온난화가 진행됨에 따라 혼슈의 식생이 변화했고, 늑대의

먹이인 말코손바닥사슴을 포함한 대형동물이 멸종하자, 혼슈의 늑대는 소형화되어 살아남았다. 홋카이도는 그때까지 대륙과 연결되어 있었으므로 대형늑대가 계속 유입되었고 에조늑대에 그 유전자를 남긴 것이다.

일본인에게 늑대는 두려운 존재이면서 한편으로는 숭배의 대상이었다. 늑대가 농작물을 망치는 멧돼지나 사슴을 잡아먹었기 때문이다. 인간과 늑대는 사슴을 사냥한다는 공통점이 있지만 사냥 솜씨는 늑대가 한 수 위다. 홋카이도의 아이

누인들이 늑대를 신(카무이)으로 섬긴 이유다. 그런데 18세기가 되자 상황이 바뀌었다. 광견병이 맹위를 떨치면서 늑대에게도 전염되기 시작한 것이다. 늑대는 단번에 제거해야 할 대상으로 바뀌었다. 게다가 감염성 질환인 '개 홍역'이 유입되어 에조늑대는 1894년경에, 일본늑대는 1905년에 멸종되었다. 이런저런 사정이 있었다고는 하나, 숭배의 대상이었던 일본의 늑대는 멸종되었고, 기피와 박해의 대상이었던 북아메리카 늑대는 살아남았다는 것은 흥미로운 일이다.

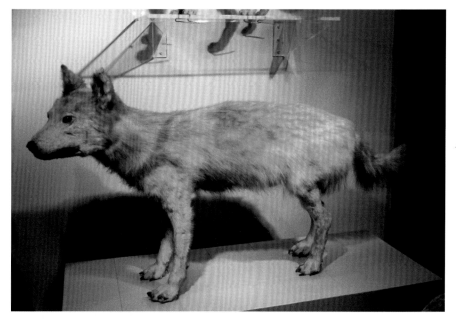

상 | 일본늑대(표본)

학명 – *Canis lupus hodophilax* / *Canis hodophilax*
영어명 – Japanese Wolf

회색늑대의 아종 중에서 몸집이 가장 작은 종이다(머리 크기는 아라비아늑대가 세계에서 가장 작다). 몸집은 시바견과 비슷하고 늑대치고는 앞다리와 귀가 짧다. 추정 몸무게도 15킬로그램에 불과하다. 몸길이는 95~114센티미터, 어깨높이는 55센티미터. 일본늑대의 표본은 전 세계에 5마리뿐인데, 그중 하나가 일본 국립 과학박물관에 상설 전시된 사진 속 주인공이다. 메이지 초기에 후쿠시마 현에서 잡힌 이 수컷은 일본늑대 중 최고의 표본이라 불린다.

소장 | 일본 국립과학박물관   촬영자 | Brett L. Walker

하 | 에조늑대(표본)

학명 – *Canis lupus hattai*
영어명 – Hokkaido wolf

에조늑대의 특징은 큰 덩치다. 일본늑대의 몸길이와 비교했을 때 약 20센티미터, 즉 머리 하나 길이만큼 차이가 난다. 머리 크기만 봐도 회색늑대의 아종 중에서는 대형인 유라시아늑대와 비슷하다. 일본늑대에 비하면 식성도 다양해서 혼슈의 사슴보다 훨씬 큰 에조사슴을 비롯해 육상동물을 많이 먹었다. 연어 등의 해산물은 물론 때로는 북극곰처럼 해안으로 밀려온 고래의 썩은 고기도 먹었다고 한다. 에조늑대의 뼈를 동위원소로 분석한 결과, 먹이의 70퍼센트가 해산물인 개체도 있었다. 사진은 홋카이도대학에 있는 세계 유일의 에조늑대 표본이다.

소장 | 홋카이도대학 식물원 · 박물관

전 세계에 살아남은 늑대는 몇 마리?

지구상에 현재 늑대라고 알려진 동물이 나타난 것은 250만 년 전부터 180만 년 전 사이로 추정된다. 북아메리카 대륙에 나타난 최초의 늑대는 약 40만 년 전에 유라시아 대륙으로 건너갔으며, 다시 북아메리카 대륙으로 돌아오는 등 두 대륙으로 퍼져 나갔다.

늑대라고 하면 보통 회색늑대(Canis lupus)를 말하는데, 북아메리카 대륙의 약 5아종과 유라시아 대륙의 7~9아종으로 분류된다(전문가에 따라 다름). 북위 20도에서 80도까지의 다양한 환경에 적응하며 살았던 회색늑대는 인간(호모 사피엔스)을 제외하면 한때 세계에서 가장 넓게 분포한 육상 포유류였다. 하지만 서양 문명을 중심으로 늑대는 위험한 동물의 상징이 되었고, 세계 각지에서 늑대 박멸이 이루어졌다. 지난 수백 년 동안 전 세계적으로 늑대의 수가 급감했다. 서유럽의 늑대가 대부분 제거되었고 아시아와 북아메리카의 개체수는 예전의 3분의 1에서 절반 정도가 되었다.

20세기 후반, 환경에 대한 인식이 높아지자 늑대에 대한 부정적 관념의 대부분이 근거 없는 편견임이 밝혀졌다. 실제로 늑대는 높은 지능을 가진 사회적 동물이며, 인간과 생태계에 위협적 존재가 아니며 오히려 꼭 필요한 존재다. 인간들은 이제 늑대를 이전의 서식 환경으로 돌려보내기 위해 노력하고 있다.

북아메리카에서 가축 소유주들에게 늑대 피해에 따른 보상금을 지불해주는 민간 기금이 설립되자, 늑대 재도입에 대한 주민들의 비판이 줄어들었다. 또 주민이 소유한 토지에서 늑대가 새끼를 낳을 경우 일정 금액을 지급하는 제도가 시행되기도 했다. 늑대는 위험한 동물이라는 인식에서 늑대는 보호해야 할 동물이라는 인식으로 바뀐 것이다. 중동에서는 현재도 개체수가 감소하고 있지만 그 외 유럽, 아시아, 북아메리카 대부분에서는 늑대의 개체수가 증가 또는 안정세다. 현재 아시아에 9만~10만 마리, 북아메리카에 6만~7만 마리, 유럽에 1만 수천 마리가 서식하고 있다. 연구자에 따라 다르긴 하지만, 전 세계의 개체수는 약 16만~30만 마리로 추정된다.

꽃이 만발한 들판에서 어미의 입가를 핥으며 먹을 것을 조르는 새끼 늑대.
이 모자에게 과연 미래가 있을지.
촬영지 | 미국(미네소타 주) 촬영자 | Michelle Gilders

네브래스카늑대 Southern Gray Wolf/Great Plains Wolf(C.l.nubilus), 동부늑대 Eastern Canadian Wolf(Canis lupus lycaon), 러시아늑대 Central Russian Wolf(Canis lupus communis), 멕시코늑대(재도입) Mexican Gray Wolf(Canis lupus baileyi), 몽골늑대 Mongolian Wolf(Canis lupus chanco), 북극늑대 Arctic Wolf(Canis lupus arctos), 아라비아늑대 Arabian Wolf(C.l.arabs), 아시아사막늑대 Asian Desert Wolf(Canis lupus desertorum), 알래스카늑대 Northern Gray Wolf(C.l.occidentalis), 에조늑대(멸종) Hokkaido Wolf(Canis lupus hattai/Canis lupus rex), 유라시아늑대 Eurasian Wolf(Canis lupus lupus), 이베리아늑대 Iberian Wolf(C.l.signatus), 이탈리아늑대 Italian Wolf(C.l.italiicus), 인도늑대 Indian Wolf(C.l.pallipes), 일본늑대(멸종) Japanese Wolf(Canis lupus hodophilax), 카스피해늑대 Caspian Sea Wolf(Canis lupus cubanensis), 툰드라늑대 Tundra Wolf(Canis lupus albus), 티베트늑대 Tibetan wolf(Canis lupus filchneri)

※1 분포도는 《Wolves Behavior, Ecology, and Conservation/David Mech and Luigi Boitani》 243 · 245p, 《the ARCTIC Wolf Ten Years with the Pack/ David Mech》 19p, 《The Wolf Almanac/Robert H. Busch》 9 · 11p, 《Another Look at Wolf Taxomony/Ronald M. N owak》 376~378p, 《The IUCN Red List of Threatened S pecies》 등을 참고로 작성한 개략도이다.
※2 아종명의 한국어 표준 표기가 없는 경우가 많아, 일반적 호칭이나 영어를 의역했다.

DATA

한국명	회색늑대
영어명	Gray Wolf
학명	Canis lupus
보존상태	멸종위기등급(IUCN)-관심 필요종(LC)
몸무게	수컷 20~86kg 암컷 18~55kg*1
몸길이	82~160cm
어깨높이	68~97cm
꼬리길이	32~56cm

*1 북아메리카와 유럽의 늑대는 수컷이 45킬로그램 전후, 암컷이 40킬로그램 전후가 많다. 사막지대를 비롯한 남쪽은 몸무게가 그 절반 정도다.

회색늑대 아종은 몇 종이나 될까?

작열하는 태양 아래에서 세계에서 가장 작은 아라비아늑대가 살아간다. 극한의 땅에서는 순백의 북극늑대가 살아간다. 이렇게 회색늑대는 전 세계에 분포된 아주 많은 아종을 갖고 있다. 다양한 환경에 적응하여 사람에 못지않을 정도로 서식지를 넓혀왔던 것이다. 그런데 사막이나 북극권처럼 극단적인 예에서 알 수 있듯이, 비슷한 환경에 서식하면서 형태와 크기가 아주 유사한 아종이 많은 것도 사실이다. 아종의 수에 대해서는 아직 정설이 없지만 문헌에 기록된 것만도 약 37~68종이다.

이미 많은 늑대의 아종이 멸종되었지만, 그 지역 늑대라는 고유성을 주장하고 싶은지 최대한 국명 또는 지역명을 붙인 아종을 만들려고 한다. 인간은 늑대를 두려워하며 박해했지만 한편으로는 자랑스러워하는 것 같다. 애증의 감정일까. 연구자에 따라서는 북아메리카의 6종, 유라시아의 9종, 합쳐서 15종이 적절하다는 주장이 나오기도 한다. 북아메리카 연구원의 주장이라는 점을 감안해서 들어야 한다.

북극늑대

눈과 얼음의 세계에서 살아가는 북극권의 백색 아종

북아메리카 대륙과 그린란드의 북쪽 끝, 즉 북극권에서 서식하는 북극늑대는 지구상에서 가장 고위도 지역에 사는 동물 중 하나다. 체온을 유지하기 위해 온몸이 털로 빽빽하게 덮여 있고 말단 부위인 귀와 코는 작은 것이 특징이다. 인간과 접촉할 일이 거의 없어서, 회색늑대의 아종 중 유일하게 수렵이나 제거의 대상이 되지 않았다. 인간과의 접점이 없었던 만큼 이들의 생태도 알려지지 않았다. 1980년대 세계적인 자연 사진작가 짐 브랜든버그(Jim Brandenburg) 일행이 북극점에서 800킬로미터 떨어진 캐나다의 엘즈미어 섬에서 오랜 기간 밀착 관찰한 끝에 이들의 모습을 포착할 수 있었다.

그들이 관찰한 것은 부부와 그들의 새끼들로 구성된 13마리의 가족이었다. 무리는 전망 좋은 바위산 틈새를 보금자리 삼아 봄에 새끼를 낳은 후 약 2개월 동안 그곳에서 지냈고, 그 후에는 광활한 영역에서 사냥을 했다. 그들의 먹이는 북극권에 많은 사향소와 북극토끼 등의 포유류다. 특히 몸집이 큰 사향소는 먹을거리가 빈곤한 이곳에서 늑대의 중요한 먹이다. 새끼 사향소를 포획하기 위해 매번 무리가 목숨을 걸고 공격을 시도한다. 이 쉽지 않은 사냥을 여러 번 시도한 끝에 성공했고, 사냥감을 함께 나눠 먹는 모습이 브랜든버그 팀의 카메라에 잡혔다. 그들은 오랜 기간 무리와 가까이 지냄으로써 늑대들과 신뢰관계를 구축했다. 이듬해 봄이 되자, 늑대는 팀 일행이 새끼가 있는 보금자리로 들어가는 것을 허락했다. 늑대는 위협적인 존재이며 제거해야 할 동물이란 인식은 잘못된 것이란 사실을 시사해주는 사례 중 하나다.

촬영지 | 엘즈미어 섬(캐나다, 누나부트 준주)　촬영자 | Jim Brandenburg(42~57P)

5개월간의 긴 극야(極夜)가 끝나면 태양이 모습을 드러낸다. 얼어붙은 바다가 풀리면서 유레카 해협의 앞바다에 거대한 빙산이 떠다닌다. 해협의 폭은 불과 십여 킬로미터다. 강을 사이에 두고 서쪽으로 마주보이는 것이 '액슬헤이버그(Axel Heiberg) 섬이다. 바닷가에는 작은 얼음덩이가 여기저기 떠다니고 흰 늑대가 폴짝폴짝 부빙을 건너뛰고 있다. 긴 겨울이 끝나서 기쁜 것인지, 맛있는 물고기를 찾고 있는 것인지 늑대의 마음은 알 길이 없다.

이곳은 북극점에서 800킬로미터 떨어진 엘즈미어 섬이다. 캐나다 누나부트 준주에 속하는, 세계에서 10번째로 큰 섬으로 1년 중 10개월은 눈과 얼음에 갇혀서 지낸다. 이 극한의 땅에서도 순백의 북극늑대들은 씩씩하게 살아간다. 아니, 극한의 땅에 머물렀기에 살아남을 수 있었다.

무리의 리더가 일가족을 이끌고 수천 제곱킬로미터에 이르는 자신들의 세력권을 살피기 위해 길을 나섰다. 보금자리 근처의 해안을 열심히 순찰하고, 해변을 따라 일정한 속도로 몇 시간이나 걷는다. 전 세계적으로 맛이 좋다고 소문난 북극연어를 찾고 있는 것일까. 아니면 방심하고 해변에 누워 있는 바다표범이라도 덮치려는 것일까. 버스터(buster)라고 불리는 무리의 리더가 갑자기 해안에서 몇 미터 떨어진 곳에 떠 있는 얼음을 발견하고 뛰어든다. 아마 그냥 놀고 있는 건지도 모르겠다. 즐거운 듯이 이리저리 뛰어 다닌다.

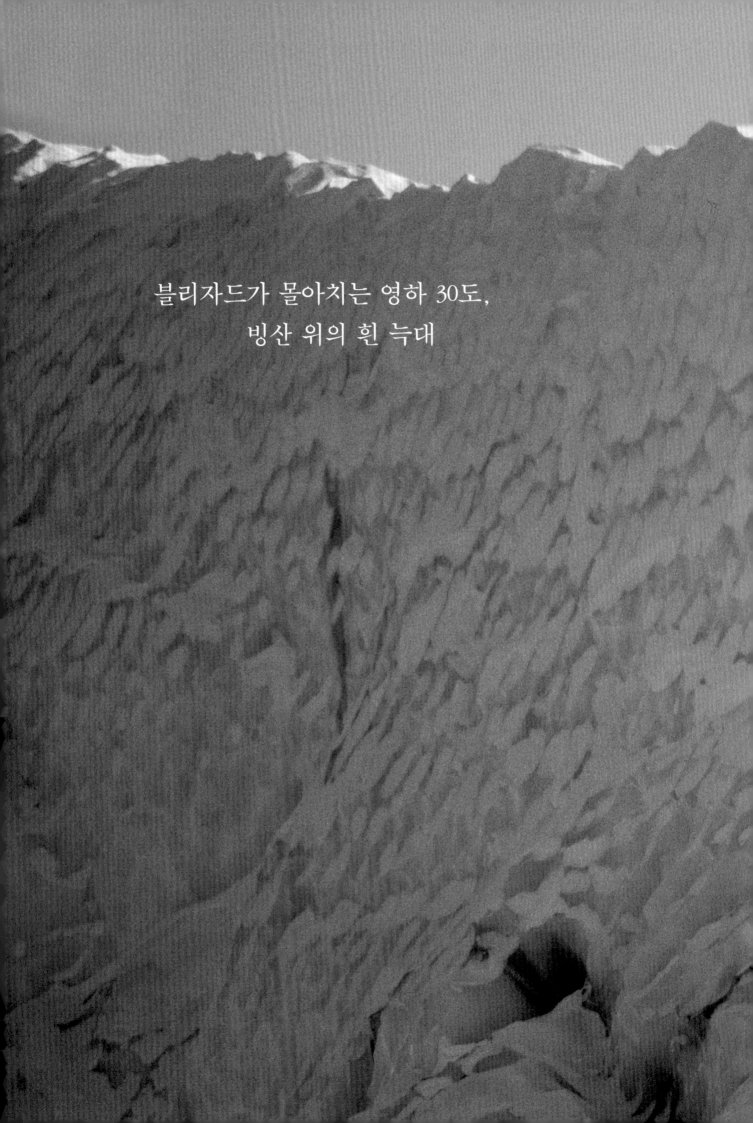

블리자드가 몰아치는 영하 30도,
빙산 위의 흰 늑대

바다가 결빙된 기간에만 접근할 수 있는 빙산은 북극늑대에게 더없이
매력적인 장소다. 자신들의 세력권을 한눈에 볼 수 있고, 무엇보다 높은
곳에 오르는 것을 아주 좋아하기 때문이다. 무리의 리더인 버스터가 빙
산 중턱에 툭 튀어나와 있는 평평한 곳으로 달려간다. 마치 왕좌 같은
그 자리에 앉아 주위를 둘러본다. 경계심과 호기심이 뒤섞인 북극늑대
의 눈은 상대의 속마음까지 꿰뚫어버릴 듯 강렬하다. 왕좌를 이고 있는
빙산에는 거칠면서도 규칙적인 무늬가 아름답게 새겨져 있다. 태양과
바람과 눈이 만들어낸 예술이다. 그때, 한줄기의 부드러운 햇빛이 쏟아
져 빙산의 풍경을 따스하게 감싼다. 순백의 늑대는 햇살을 받으며 앉아
있고 주변의 빙산은 푸른 그늘에 덮여 있다.

눈을 이고 첩첩이 서 있는 아름다운 산 앞으로 황량한 갈색 대지가 펼쳐져 있다. 땅 끝이 바라보이는 바위 위에 어른 북극늑대 한 마리가 무료한 듯이 서 있다. 전해에 태어나 독립하지 않고 가족과 함께 사는 수컷 스크러피(scruffy)다. 이곳 암석지대의 동굴이 그들의 보금자리다. 봄이 되자 엄마 늑대가 새끼를 낳기 위해 이곳으로 다시 돌아온 것이다. 늑대 무리는 광대한 세력권을 계속 돌아다니지만, 해산하는 2개월 동안은 엄마 늑대의 케어와 새끼들의 육아를 위해 암석지대의 보금자리 근처로 돌아온다.

무리의 리더인 버스터가 샛노란 아이슬란드 양귀비
(Iceland poppy) 꽃의 향기를 맡고 있다. 극한의 땅
에 피는 이 꽃은 다른 양귀비와 달리 은은하고 좋은
향기가 난다. 독성이 있어 함부로 먹으면 안 되지만
마약 성분은 없다. 북극권에서는 아주 짧은 동안만
꽃이 핀다. 따뜻한 날, 한꺼번에 꽃이 피는데 짧은 여
름철 몇 주 동안 수십 센티미터의 줄기를 뻗어 꽃을
피운다. 이때를 놓치지 않고 향기를 즐기는 늑대. 두
께가 300미터나 되는 영구 동토층인 이곳은 강우량
도 적다. 즉 얼어붙은 사막인 셈이다. 그래서 동식물
의 냄새조차 희박하다. 인간의 백 배 이상 후각이 발
달한 늑대들에게는 한 줄기 산들바람도 환경의 정보
를 파악하는 단서가 된다. 그 예리한 감각으로 맡은
꽃향기는 어떤 것이었을까.

어른 늑대와 새끼 늑대들이 보금자리로 삼은 암벽 옆을 걷고 있다. 앞서 가는 것은 어미 늑대가 아니다. 새끼를 인솔하는 늑대는 작년에 태어난 한 살짜리 형이다. 스크러피('지저분한 녀석'이란 뜻)라는 다소 억울한 이름이 붙여진 것으로 짐작할 수 있듯이 손질을 하지 않아 털이 항상 지저분하다. 게다가 늘 바보짓을 해서 무리의 낙오자 취급을 받는다. 하지만 누구보다 열심히 새끼들을 돌본다. 무리의 규칙을 가르치고, 북극여우의 가죽 조각으로 사냥하는 방법을 몇 번이나 연습시키기도 한다. 아주 중요한 역할이다.

가족이 함께 하는 늑대의 육아

캐나다 엘즈미어 섬에서 북극늑대를 장기간 관찰한 짐 브랜든버그는 늑대의 육아에 대해서 상세하게 기록했다. 출생 직후에 새끼 늑대는 일정한 체온을 유지하기 어려워 몇 주 동안 굴 속에서 어미에게 의지해 살아간다고 한다. 브랜든버그 팀이 관찰한 북극늑대의 새끼들도 생후 약 5주가 지나서야 굴에서 나왔다. 굴에서 나온 것은 다른 보금자리로 이동하기 위해서였는데, 어미와 가족들은 새끼를 보호하면서 긴 경사면을 내려가서 넓은 얼음 벌판을 가로질렀다.

북아메리카의 늑대들은 보금자리가 발견되면 새끼를 데리고 이동하는 것으로 알려져 있어서, 브랜든버그는 자신들의 팀 때문일 것이라 생각했다. 보금자리의 기생충 등 각종 벌레를 없애기 위해 일시적으로 굴을 이동하는 경우도 있어 결론을 내리기는 어렵다. 후자일 경우엔 몇 주 후에 원래의 보금자리로 돌아온다.

어쨌든 봄에 태어난 새끼 늑대는 겨울이 될 무렵이면 멋진 어른 늑대가 된다. 태어난 해를 포함해서 약 1~3년 동안 부모와 함께 지내고 이후에 태어나는 새끼를 돌봐준 후에 홀로서기를 하는 것이 일반적인 성장 과정이다. 늑대의 육아는 무리의 모든 어른들이 함께 한다. 새끼들은 부모가 아니더라도 어른 늑대의 콧등을 핥으며 먹이를 조르고, 어른들은 먹이를 토해내서 새끼들에게 준다. 엄마 늑대가 사냥을 나갈 때 새끼들을 지켜주기도 한다. 이런 과정을 통해 젊은 늑대는 자신이 독립해서 새끼를 가졌을 때를 대비한 경험을 축적한다.

브랜든버그의 말에 따르면, 저위도에 서식하는 야생 늑대는 인간을 두려워하기 때문에 관찰하기가 상당히 어렵다. 그도 엘즈미어 섬에 오기 이전에 20년 넘게 세계 각지의 늑대를 찾아다녔지만 촬영한 사진은 고작 7장이었다고 한다. 다행히 그때까지 인간과 다툼이 없었던 엘즈미어의 북극늑대는 인간을 받아들였다. 육아하는 모습을 비롯해 늑대 본연의 모습들이 처음 세상에 드러난 것이다.

상 | 피오르드에서 수영을 하고 깔끔해진 걸까. 버스터가 입가를 핥고 있는 새끼와 다정하게 붙어 있다. 새끼 늑대는 먹을 것을 달라고 칭얼대거나 친밀감을 표할 때 귀를 뒤로 젖히고 꼬리를 흔들면서 어른 늑대의 입가를 핥는다. 무리의 리더인 버스터의 눈은 날카롭지만 표정은 풍부하다. 몸무게가 약 45킬로그램에 다리가 가늘고 상당히 길다. 북극늑대는 회색늑대의 아종 중에서는 다소 작은 편이지만, 대형견의 대명사인 저먼셰퍼드(German Shepherd)보다는 키가 크다. 콧등의 검은 부분 (50쪽의 사진에서 자세히 보인다)은 털이 빠진 것이 아니라 진흙에 짓이겨진 사향소의 핏자국이다. 큰 먹이를 먹을 때마다 얼굴에 검붉은 마스크로 흔적을 남긴다.

하 | 어른 늑대와 새끼 늑대가 장난치고 있다. 아니, 어른 늑대가 놀아준다. 늑대들은 핥고 냄새 맡고 달라붙어 싸우고 접촉하는 것을 좋아한다. 서로의 마음을 확인하는 과정이다. 이런 스킨십도 긴 털을 통해 이루어진다. 사진처럼 북극늑대는 회색늑대의 아종 중에서도 털이 많고 긴 편이다. 짧은 여름철을 시원하고 청결하게 보내기 위해, 여름이 오면 늑대의 털이 빠진다. 이때 빠진 털이 보풀이 되어 몸에 붙어 있다. 그것이 떨어져서 없어질 무렵, 곧 겨울이 다가오면 잔털이 나기 시작한다. 그런데 흰 털을 가진 북극여우는 여름이 되면 대지의 색에 맞춰 갈색으로 변한다(182쪽). 이른바 보호색이다. 하지만 북극늑대의 털은 북극곰과 마찬가지로 여름이 되어도 여전히 흰색이다. 천적이 없기 때문이다.

상 | 새끼 늑대가 혼자 울부짖고 있다. 작지만 그 모습은 어른 못지않다. 16~17쪽에 나오는 어른 늑대의 울부짖는 모습과 비교해 보면 알 수 있다. 다만 아직은 울음소리가 끊어지고 폭넓은 음역대에 이르지는 못한다. 새끼 늑대들은 일찍부터 울부짖는 연습을 한다. 새끼들끼리 연습하면, 그들의 높은 울음소리에 맞춰 어른 늑대들이 합창을 하기도 한다. 늑대의 울음소리는 얼어붙은 어둠 속에서 몇 킬로미터나 떨어져 있는 동료와 연락을 주고받는 수단이다. 동시에 세력권의 경계를 나타내는 소리의 벽이기도 하다. 다른 무리에게 "우리가 사는 구역에 접근하지 매"라고 경고하는 것이다.

하 | 바위의 추상적인 문양은 북극의 차가운 바람이 깎아낸 흔적이다. 보금자리 동굴의 파사드는 대자연이 조각한 현대 예술이다. 그 주변에서 새끼 늑대 5마리가 놀고 있다. 늑대다운 얼굴이 살짝 나타나기 시작한 것을 보면 생후 7~8주쯤 되었을까. 생후 3~4주라면 귀와 코, 그리고 다리가 더 짧아서 새끼고양이와 비슷할 것이다. 새끼 북극늑대의 털은 막 태어났을 때는 갈색을 띤 회색인데, 계절에 따라 바뀌어 가을에는 단풍과 비슷한 오렌지색을 띤다. 어른 늑대와 달리 새끼 늑대는 여러 동물과 큰 까마귀에게도 표적이 되므로 보호색이 필요하다. 새끼 늑대에서 어른이 되어 갈 때는 맨 먼저 얼굴 중앙이 크고 흰 마스크를 쓴 듯한 모습으로 변한다.

무리의 리더인 버스터와 그 짝인 미드백 일행이 도망가는 사향소 떼를 쫓고 있다. 그 너머에서 기다리는 것은 무리의 암컷인 멈 (Mum). 아쉽게도 사냥은 쉽게 성공하지 못한다. 며칠 동안 사향소의 무리를 면밀히 관찰해서, 새끼 사향소 혹은 부상을 입거나 병으로 약해진 어른 사향소를 찾는다. 대상이 정해지면 일단 공격해 보고 힘에 버거우면 재빨리 다른 사향소 떼를 찾는다. 북극늑대 몸무게의 5배가 넘는(200킬로그램에 육박한다) 어른 사향소를 쓰러뜨리기란 쉬운 일이 아니다. 사향소의 뿔에 찔리면 죽음을 당할 수도 있다. 사냥은 하루하루가 목숨을 거는 일이다.

북극늑대 사이에 알파 수컷은 존재하지 않는다

"늑대는 개체 사이에 계급이 있어 서열 1위인 '알파' 수컷이 큰 무리를 만들어 군림한다."

이런 주장을 처음 한 사람은 늑대 연구의 1인자인 미국의 데이비드 미치(David Mech)다. 그 후 오랫동안 늑대 무리는 알파 수컷이 군림하는 집단이라고 알려졌다. 하지만 훗날 미치는 자신의 주장을 뒤집고 실제로는 알파 수컷 따위는 없다고 판단했다. 엘즈미어 섬에서 13년간 북극늑대를 관찰한 후이다. 미치의 말에 따르면 늑대는 인간과 마찬가지로 가족 단위로 살아가는 동물이며, 무리의 구성 멤버는 기본적으로 부모와 그 새끼들이다. 즉 수컷과 암컷 한 쌍을 중심으로, 이 한 쌍이 그해에 낳은 새끼들과 최근 몇 년 이내에 낳은 새끼들로만 무리가 구성된다.

그렇다면 미치는 왜 서열 1위의 알파 수컷이 있다고 생각했을까? 늑대 사회의 구성에 대한 연구 대부분이 사육시설의 늑대를 관찰한 결과이기 때문이다.

사육시설의 늑대 무리는 항상 혈연으로 구성된 집단이 아니다. 인간의 형편과 의도에 따라 함께 지내도록 만들어진 집단이다. 그들은 인간이 정해준 멤버와 평화롭게 살아갈 수밖에 없고, 결국 알파 한 쌍만 번식해 전체를 지배하는 사회 구조가 만들어진 것이다.

새끼들 사이에는 계급이 있다고 생각하는 연구자도 있다. 미치는 그 점에 대해서는 결론을 내리지 않았지만, 그것은 어디까지나 가족 내에서의 문제다. 현재는 대부분의 전문가가 알파 수컷의 존재는 없다는 데 동의한다.

또 이른바 '고독한 늑대'라는 존재에 대해서도 해석이 바뀌었다. 예전에는 무리에 속하지 않고 홀로 살아가는 늑대가 있다고 생각했지만, 이런 늑대도 기본적으로는 부모를 떠나 파트너를 찾고 있는 젊은 개체라는 사실이 밝혀졌다.

우리 인간은 오랜 세월 늑대에 대해 크게 오해하며 살아왔다. 인간 세계와는 아주 멀리 떨어진, 진정한 야생의 세계에 살고 있는 북극늑대들이 앞으로도 자연 상태 그대로 살아갈 수 있을까. 그것은 오직 우리에게 달려 있다.

발굽이 발달한 사향소는 어떤 바위나 벼랑도 어렵지 않게 오른다. 1미터나 되는 억센 털이 부드러운 솜털을 보호해주므로 기온이 아무리 내려가도 끄떡없다. 북극늑대에게 언덕 꼭대기까지 쫓겨 가더라도, 그곳의 세찬 바람을 두려워할 필요가 없다. 사향소는 둘만 있어도 원을 만들어 방어하려고 한다. 태고부터 나무가 없는 환경에서 자라면서 터득하게 된 전술이다. 무리로 방어할 때는 뿔과 앞발굽을 바깥쪽으로 두고 전체가 360도 방사형을 이루며 서로의 옆구리를 붙인다. 원형의 진 안쪽에 새끼 사향소를 보호하기 위해서다. 따라서 새끼 사향소가 원형의 진 안쪽으로 숨기 전에 잡을 수 있을지 여부가 사냥의 성패를 결정한다.

상 | 가족이 함께 사냥하고

새끼들이 기다리는 바위 동굴에서 60킬로미터 떨어진 곳, 광대한 세력권의 외곽이다. 어른 사향소만 10마리인 무리와 3마리인 무리의 사냥에 모두 실패했다. 사향소 무리는 더 이상 보이지 않는다. 이때 늑대 한 마리가 언덕을 뛰어올라가서 바람 냄새를 맡는가 싶더니 드디어 새끼 사향소 3마리가 속한 무리를 발견했다. 리더 부부 중 암컷인 미드백을 선두로 마치 고양이가 기어가듯 살금살금 다가가 새끼 사향소 1마리를 무리에서 떼어놓는다. 두 번째 새끼 사향소의 옆구리를 덮쳤을 때, 원형으로 진을 치고 가던 사향소 무리에서 어미 사향소가 뛰어나와 뿔을 거세게 휘두른다. 늑대가 멈칫하는 사이, 원형의 사향소 무리가 두 번째 새끼 사향소를 에워쌌다. 늑대들은 재빨리 상황을 판단하고, 사향소의 무리에서 떼어낸 첫 번째 새끼 사향소를 쫓는다.

하 | 사냥감을 함께 나눈다

늑대 하나가 새끼 사향소의 옆구리를 물어뜯자 다른 늑대가 코를 물었다. 죽은 새끼 사향소를 늑대들이 뜯어먹기 시작했다. 늑대 1마리당 약 10킬로그램의 고기가 할당되고 먹이를 먹어치우는 데 2시간이 걸렸다. 식사후 늑대들은 근처 연못에서 물을 마시고 몸을 씻은 뒤, 초원에 구르면서 몸을 닦았다. 잠깐 쉰 다음 귀가를 서두른다. 배고픈 새끼들이 기다리고 있기 때문이다. 굴까지 몇 킬로미터 정도로 가까워지자 어미는 울음소리를 내어 새끼들에게 사냥이 성공했음을 전한다. 새끼들은 꼬리를 격렬하게 흔들며 이들을 맞이한다. 어른들은 의기양양하게 고기를 토해내 새끼들에게 준다.

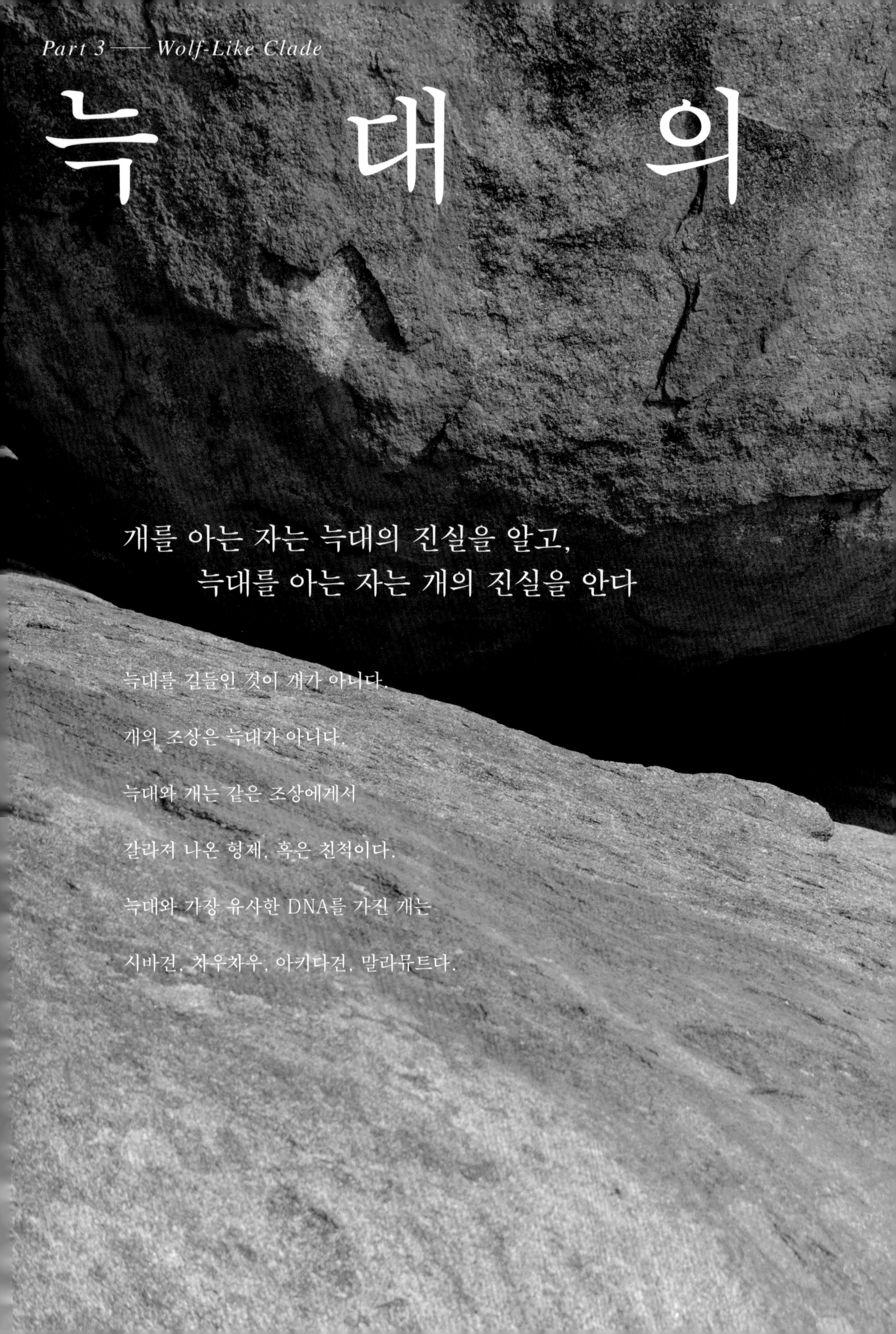

늑 대 의

개를 아는 자는 늑대의 진실을 알고,
늑대를 아는 자는 개의 진실을 안다

늑대를 길들인 것이 개가 아니다.

개의 조상은 늑대가 아니다.

늑대와 개는 같은 조상에게서

갈라져 나온 형제, 혹은 친척이다.

늑대와 가장 유사한 DNA를 가진 개는

시바견, 차우차우, 아키다견, 말라뮤트다.

일 족 들

딩고가 거대한 바위 앞에 멈춰서 있다. 암벽은 그들의 은신처이기도 하다. 무수한 기암이 늘어서 있는 이곳은 애버리지니 원주민의 성지 데블스 마블스다. '딩고'는 호주 원주민의 언어인 다룩(Dharug)어다. 유럽인들이 호주로 이주해 오기 전까지 딩고는 애버리지니 족과 밀접한 관계를 유지하며 살았다. 지금은 애버리지니 원주민의 문화가 붕괴되었고 딩고가 야생 개와 교잡하게 되면서, 딩고와 애버리지니 족 사이에 존재했던 관계는 거의 사라졌다.

촬영지 | 호주
　　　(북부 준주, 데블스마블스 보호지역)
촬영자 | Jurgen Freund

딩고

삼각형의 곧추선 귀가 특징이며, 몸
에 비해 폭이 넓은 쐐기형 머리를 갖
고 있다. 송곳니는 개보다 길고 가늘
다. 몸의 털은 모래색부터 짙은 적갈
색까지 다양하며 가슴과 발끝, 꼬리
끝은 불규칙한 흰색이다. 외형으로
는 중형 개처럼 보이지만 사회 구조
는 무리를 이루는 늑대에 가깝다. 젊
은 수컷이 단독으로 행동하며 짝을
이루는 경우가 20퍼센트 정도 된다.
나머지 80퍼센트는 2마리에서 최대
13마리 정도가 무리를 이루어 산다.
사진처럼 우위를 나타내는 인사를
나누기도 하지만, 늑대 무리에서 보
여지는 제대로 된 의식은 아닌 것 같
다. 이동할 때와 먹이를 먹을 때 번
식기의 수컷이 리더를 맡기는 하지
만, 늑대만큼 서로 공격적이지는 않
고 번식기의 리더가 구성원의 교미
를 방해하는 일도 없다.

촬영지 | 호주(북부 준주)
촬영자 | Winfried Wisniewski

딩고는 과연 야생 개인가, 집개인가?

대륙에서 분리된 후 오랜 시간이 지난 호주에는 고유종이 많은데 그중 하나가 딩고다. 딩고의 기원에 대해서는 여러 설이 있지만 명확한 것은 없다.

약 2만 년 전 호주 원주민 애버리지니가 아시아에서 이곳으로 이주했을 때 가축용 개로 데려왔을 경우, 혹은 4,000~5,000년 전에 동남아에서 온 여행객들이 식용으로 데려왔을 경우, 2가지 가설이 있다. 약 3,500년 전의 벽화에 딩고로 추정되는 동물이 처음으로 등장한 것으로 보아 후자가 유력하다고 한다. 식용으로 데려왔지만 이후 야생화 되면서 개체수가 늘어났을 것으로 추측된다. 딩고에 대한 연구는 동물 자체뿐 아니라, 인류의 역사와 인간과 동물의 관계에 대해서도 밝히는 귀중한 자료가 될 것이다.

그런데 2011년에 의외의 연구 결과가 발표되었다. 딩고는 중국 남부가 기원으로, 동남아시아와 인도네시아를 거쳐 4,600년 전부터 18,300년 전 어느 시기에 서서히 이동해 호주 대륙으로 왔다는 것이다.

아시아 각지에 서식하는 900마리 이상의 개를 대상으로 미토콘드리아 DNA를 조사한 결과, 그런 흔적을 발견했다고 한다. 딩고의 기원에 대해서는 여전히 결론을 내지 못했다. 분류 면에서도 회색늑대의 아종에 속한다는 설도 있고 독립한 종이라는 설도 있으며, 설에 따라 학명도 다양하다. 현재 딩고는 호주에만 서식한다(유사한 개는 동남아 각지에서 발견된다). 겉모습과 행동은 회색늑대와 유사하며, 회색늑대의 아종인 집개와 교잡이 가능하다. 지금은 교잡한 새끼가 늘어나 순수하게 딩고라 할 수 있는 동물이 줄어들고 있는 것도 문제다.

다른 대륙에는 거의 없고 호주에서도 순수 종이 감소해 보호 대상이지만, 한편으로는 가축을 습격하기 때문에 제거해야 할 해로운 동물이기도 하다. '노란 털의 딩고는 순수 개체이므로 보호하고, 다른 개체는 제거할 수 있다'라는 기준을 세웠으나, 2014년에 반드시 그렇지도 않다는 사실이 발견되었다. 순종 딩고를 지키기 위한 방법을 다시 생각해봐야 한다.

상 | 육아는 무리 전체가

나무 구멍에서 새끼를 돌보는 딩고. 집개가 1년에 2~3회 출산하는 데 비해 딩고는 단 1회만 출산한다. 가을부터 초겨울까지 발정기이며 임신기간은 63일이다. 1~10마리의 새끼를 낳는데 평균 5마리 정도다. 약 2개월 후 젖을 떼고 1년간 부모와 함께 산다. 약 2~3년 동안 부모와 무리를 이루어 사냥하며 살기도 한다. 새끼는 무리 전체가 함께 돌본다. 딩고는 어느 정도 보호를 받고 있지만, 농가의 가축을 보호하고 광견병을 예방한다는 차원에서 제거 대상이 되기도 했다. 딩고는 몇 천 년 동안 인간에게 선택받지 못했지만, 딩고의 존재는 집개의 기원과 인류가 이동해온 역사를 규명하는 데 중요한 단서가 될 수 있다.

촬영지 | 호주
촬영자 | Roland Seitre

좌 | 혈연 가족끼리 산다

경계 중인 딩고 무리. 딩고는 한때 호주 전역에 서식했지만 가축 보호를 위해 '딩고 펜스'가 설치되면서 지금은 건조하고 농업이 활발하지 않은 지역에만 산다. 집개와 교배하기도 해서 절반이 교잡종인 지역도 있다. 순수종이 얼마나 서식하고 있는지는 추정이 어렵다. 무엇이든 먹는 식성이므로 지역에 따라 먹이가 다르다. 무리가 협력해 캥거루를 비롯한 대형 유대류(有袋類)를 사냥하는데, 이것이 먹이의 20퍼센트를 차지한다. 그 외 토끼와 설치류(쥐 등)까지 포함하면 포유류가 먹이의 70퍼센트 이상이다. 나머지는 조류가 20퍼센트 미만이며 파충류, 어류, 게, 개구리, 곤충, 과일, 썩은 고기까지 가리지 않고 먹는다.

촬영지 | 호주
촬영자 | Jurgen and Christine Sohns

| 딩고의 분포

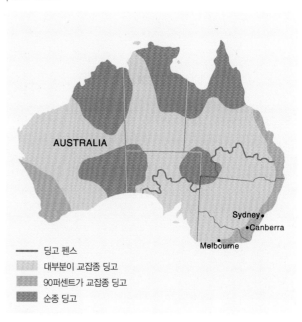

— 딩고 펜스
░ 대부분이 교잡종 딩고
▒ 90퍼센트가 교잡종 딩고
▓ 순종 딩고

DATA

한국명	딩고
영어명	Dingo
학명	Canis lupus dingo / Canis dingo
보존상태	멸종위기등급(IUCN) – 평가 대상에서 제외
몸무게	9~21.5kg
몸길이	72~100cm
어깨높이	55cm
꼬리길이	21~36cm

딩고를 닮은 중형 개로, 둥그스름하고 곧추선 귀를 가졌다. 태어날 때의 털색은 진한 초콜릿브라운이지만 6주 정도 지나면 밝은 갈색으로 바뀐다. 코끝도 해마다 하얗게 변한다. 턱아래, 가슴, 발, 꼬리에 하얀 무늬가 있다. 털 색깔로는 백색 계열, 갈색 계열, 검정과 갈색의 얼룩 계열(black-and-tan), 블랙 그러데이션 등의 유형이 있다. 본격적인 조사는 이루어지지 않았지만 사육시설과 야생의 개체를 전부 합해도 500마리가 안 된다는 설이 있다.

촬영지 | 파푸아뉴기니
촬영자 | Daniel Heuclin

뉴기니
싱잉 도그

짙은 호박색부터 짙은 갈색 계열의 눈을 갖고 있는데, 어두운 곳에서 빛을 받으면 밝은 녹색을 발한다. 탐스럽게 늘어진 꼬리가 눈에 띤다. 야생에서는 왈라비 등의 소형 유대류, 설치류, 쿠스쿠스, 작은 화식조(날지 못하는 새)를 비롯한 조류, 과일 등을 먹는다. 번식기는 8월부터 12월까지이며 임신 기간은 58~64일(평균 63일)로 1~6마리의 새끼를 낳는다. 순하고 조용한 성격에 낯선 대상에게 경계심을 드러낸다는 기록이 있다. 예전에 8마리가 포획되어 그 자손이 남아 있는데 대부분이 고령화되었다고 한다.

촬영지 | 파푸아뉴기니   촬영자 | Juraen and Christine Sohns

열대의 땅에서 노래하는 원시 개의 정체

남태평양 뉴기니 섬의 고지대에만 서식하는 뉴기니 싱잉 도그는 호주 딩고의 근연종이다. 두 개체 모두 뚜렷한 기원은 알 수 없지만, 유전자 분석으로 이 두 종의 유전자가 다른 개와는 상당히 다르지만 두 종끼리는 닮았다는 사실이 확인되었다. 뉴기니 싱잉 도그는 현존하는 가장 오래된 개 중 하나이며 집개의 조상일 가능성도 있다. '싱잉(Singing)'이라는 이름의 유래는 울부짖는 소리가 마치 노래하는 것처럼 들렸기 때문이다. 길게 울부짖는 소리는 최대 5초간 지속되는데, 처음에 소리가 급격히 올라가서 그 상태가 끝까지 유지되는 것이 특징이다. 몇 마리가 함께 울부짖을 때는 전체적으로 30초에서 몇 분 동안 지속되므로 코러스처럼 들린다고 한다. 회색늑대나 코요테의 울부짖음과는 많이 다르고 딩고와도 명확하게 구분된다.

20세기 후반에는 수십 년 동안 목격되지 않아서 야생에서 멸종된 것으로 여겨졌지만, 2012년에 뉴기니 섬의 오지에서 이 개로 짐작되는 동물이 카메라에 찍혔다. 다만 적갈색이거나 검은색 바탕에 갈색 반점이 있다고 알려진 털색과 달랐기 때문에 부정적인 의견을 제기하는 전문가도 있었다. 하지만 2016년 인도네시아와 미국의 동물학자로 이루어진 연구팀이 설치한 자동카메라에 최소 15마리의 모습이 포착되어 멸종되지 않았음이 밝혀졌다. 이렇게 멸종 우려종이지만, 현재 각국의 동물원이나 개인에 의해 300마리 정도가 사육되고 있다. 연구자가 산에 들어가서 찾아 헤매도 보기 어려운 동물이 개인의 집에 있다는 것이 신기한 일이지만, 5,000년 전쯤엔 인간의 곁에 있었던 가축 개였을 것이란 추정을 감안하면 오히려 자연스러운 일이 아닐까.

DATA

이름	뉴기니 싱잉 도그
영어명	New Guinea Singing Dog
학명	Canis lupus hallstromi / Canis hallstromi / Canis lupus dingo
몸무게	9~14kg
몸길이	65cm
어깨높이	31~46cm
꼬리길이	24.5cm

시바견

일본 개 중에는 가장 오래된 품종으로 기원전 시대의 유적에서 이들 조상의 뼈가 발굴되었다. 단단한 입술에 야무진 얼굴, 작지만 다부진 몸, 곧추선 귀, 말려 올라간 굵고 의젓한 꼬리가 터프한 모습을 보여준다. 이마가 넓고, 볼이 잘 발달되어 영리하게도 사랑스럽게도 보인다. 털이 짧은 편인 시바견은 겉의 털은 짧고 뻣뻣하고, 속털은 부드럽고 빽빽하게 나 있다. 대부분 붉은 털을 갖고 있는데(적시바), 연한 갈색을 기본으로 적갈색부터 진한 주황색까지 다양하다. 드물기는 하지만 검은색 바탕에 연한 갈색 눈썹을 가졌거나(흑시바, 블랙탄) 붉은색에 검은색이 섞인 참깨색 털을 가졌거나(참깨시바), 전신이 새하얀 시바견(백시바)도 있다.

촬영자 | G. Stickler

유전적으로 늑대와 가장 가까운 개, 시바견

시바견은 일본 재래종인 소형 개로 오래 전부터 혼슈 각지에서 사육되었다. 소형동물을 사냥할 때도 이용되었다고 한다. 2차 세계대전 후 식량난과 질병으로 개체수가 급감했다. 그후 잡종화되어, 보존 및 부흥 운동이 진행된 끝에 현재의 시바견에 이르렀다. 현재 일본 내에서 사육되는 일본 견종은 홋카이도견, 아키타(秋田)견, 가이(甲斐)견, 기슈(紀州)견, 시바견, 시코쿠(四国)견, 류큐(琉球)견의 총 7종이다. 이중 시바견이 전체 집개의 80퍼센트를 차지할 정도로 인기가 높다.

그런데 최근 시바견이 전 세계적으로 주목을 받게 되었다. 늑대와 개의 조상에 대한 연구가 오래 전부터 진행되고 있었는데, 2002년 스웨덴 왕립 공과대학의 사보라이넨(Savolainen) 연구팀의 발표에 따르면 시바견의 기원이 가장 오래되었을 가능성이 제기되었다. 유라시아의 늑대 38마리와 유럽, 아시아, 아프리카, 북아메리카의 개 총 654마리에서 채취한 미토콘드리아 DNA를 비교분석했다.

그 결과 개는 동아시아에 기원을 두고 있으며 그중에서도 특히 늑대에 가까운 DNA를 가진 개가 시바견이라는 사실이 밝혀진 것이다. 미토콘드리아 DNA는 오직 모계로만 유전되기 때문에 모계 조상은 밝혀낼 수 있지만, 부계 조상에 대해서는 알 수 없다. 사보라이넨 연구팀은 Y염색체(보통 수컷 개체에게만 존재)의 유전자에 대해서도 견종끼리 비교해 보았는데, 여기서도 앞선 조사를 지지하는 결과가 나왔다.

또한 비교적 최근에 개발되어 견종 간의 비교에 적합한 미소부수체(微小附隨體) 배열 분석(게놈에 흩어져 있는 반복 배열 분석)에서도 서양의 개보다 동아시아의 개들이 개의 조상에 가까운 것으로 나타났다(워싱턴 대학의 파커 등, 2004년). 시바견은 대담하고 독립심이 강할 뿐 아니라 충직하고 용감하다. 그런 성격 역시 원시 개의 특징이 남아 있기 때문이라고 분석한다.

DATA

이름	시바견(柴犬)
영어명	Shiba Inu / Shiba / Japanese Shiba Inu
학명	Canis lupus familiaris
특징	일본의 고대개, 일본 천연기념물(1936년)
몸무게	8~10kg
어깨높이	35.5~41.5cm

일본 모모타로(桃太郎) 설화에 '할아버지는 산에 시바(芝)를 구하러…'라는 대목이 나온다. '시바'란 장작용으로 쓸 잔가지를 뜻하는데, 시바(柴)견의 이름도 여기서 유래되었다. 일본에서 가장 많이 키우는 일본 개이면서 서양과 호주에서도 인기가 높다. 둥글고 귀여운 삼각형 눈에, 코끝이 적당히 굵고 너무 길지도 않다. 가슴이 두껍고 흉골이 잘 발달되어 있다. 앉을 때는 앞발을 쭉 펴서 팔꿈치를 몸통에 딱 붙이고, 잘 발달된 뒷다리는 든든하게 우아한 엉덩이를 받친다. 각지의 시바견은 유전적으로 차이가 있어서 각각 독특한 풍모를 이어왔다. 크게는 둥근 얼굴과 늑대형 얼굴의 2종류로 나눈다(너구리형과 여우형이라고도 한다—역주).

촬영자 | 아프로

개의 기원을 알려주는 DNA 분석의 예 (85견종의 구조 분석)

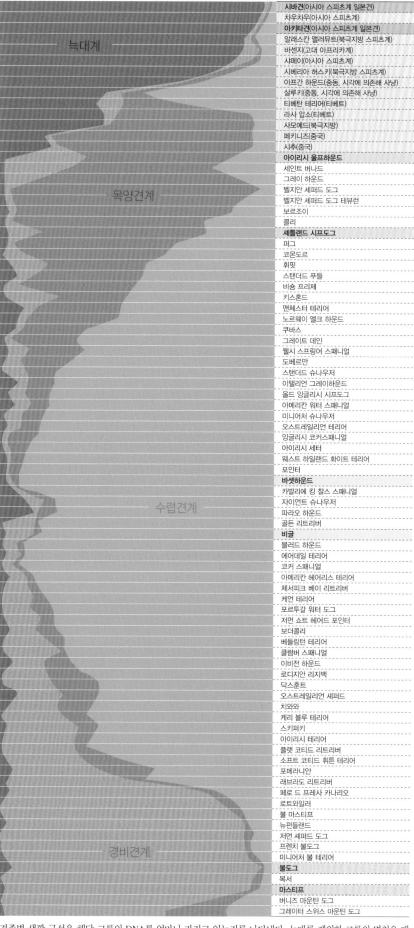

늑대계

목양견계

수렵견계

경비견계

시바견(아시아 스피츠계 일본견)	
차우차우(아시아 스피츠계)	
아키타견(아시아 스피츠계 일본견)	
알래스칸 맬러뮤트(북극지방 스피츠계)	유전적으로 늑대와 가까운 14견종
바센지(고대 아프리카계)	
샤페이(아시아 스피츠계)	
시베리아 허스키(북극지방 스피츠계)	
아프간 하운드(중동, 시각에 의존해 사냥)	
살루키(중동, 시각에 의존해 사냥)	
티베탄 테리어(티베트)	
라사 압소(티베트)	
사모예드(북극지방)	
페키니즈(중국)	
시추(중국)	
아이리시 울프하운드	
세인트 버나드	
그레이 하운드	
벨지안 셰퍼드 도그	
벨지안 셰퍼드 도그 테뷰런	
보르조이	
콜리	
세틀랜드 시프도그	
퍼그	
코몬도르	
휘핏	
스탠더드 푸들	
비숑 프리제	
키스혼드	
맨체스터 테리어	
노르웨이 엘크 하운드	
쿠바스	
그레이트 데인	
웰시 스프링어 스패니얼	
도베르만	
스탠더드 슈나우저	
이탈리언 그레이하운드	
올드 잉글리시 시프도그	
아메리칸 워터 스패니얼	
미니어처 슈나우저	
오스트레일리언 테리어	
잉글리시 코커스패니얼	
아이리시 세터	
웨스트 하일랜드 화이트 테리어	
포인터	
바셋하운드	
카발리에 킹 찰스 스패니얼	
자이언트 슈나우저	
파라오 하운드	
골든 리트리버	
비글	
블러드 하운드	
에어데일 테리어	
코커 스패니얼	
아메리칸 헤어리스 테리어	
체서피크 베이 리트리버	
케언 테리어	
포르투갈 워터 도그	
저먼 쇼트 헤어드 포인터	
보더콜리	
베들링턴 테리어	
클럼버 스패니얼	
이비전 하운드	
로디지안 리지백	
닥스훈트	
오스트레일리언 셰퍼드	
치와와	
케리 블루 테리어	
스키퍼키	
아이리시 테리어	
플랫 코티드 리트리버	
소프트 코티드 휘튼 테리어	
포메라니안	
래브라도 리트리버	
페로 드 프레사 카나리오	
로트와일러	
불 마스티프	
뉴펀들랜드	
저먼 셰퍼드 도그	
프렌치 불도그	
미니어처 불 테리어	
불도그	
복서	
마스티프	
버니즈 마운틴 도그	
그레이터 스위스 마운틴 도그	

*견종별 색깔 구성은 해당 그룹의 DNA를 얼마나 가지고 있는지를 나타낸다. 늑대를 제외한 그룹의 명칭은 대표적인 견종의 특징을 나타낼 뿐, 그룹 전체의 특징은 아니다. (출처: Heidi G. Parker et al. Science 304:1160)

늑대 계통

85 견종 중 14종이 늑대에 가까운 DNA를 갖고 있다. 특히 상위 4종이 늑대와 가깝다. 최초 DNA 분석에서는 상위 9개 견종만 늑대와 유전적으로 가깝다고 판단되었다. 상위 9종에는 원시적인 고대견인 아시아 스피츠계 4종, 고대 아프리카계 1종, 북극지방의 스피츠계 2종, 중동의 시각 수렵견 2종이 속한다. 스피츠는 일본 견종이 아니고 '귀가 위로 솟고 뾰족한 얼굴을 가진 개'의 품종을 뜻한다. 서양에서 만들어낸 새로운 품종들은 분류가 되지 않았다. 그래서 더욱 정밀한 구조 분석을 통해, 동아시아산 4종과 북극산 1종이 늑대 계통에 추가되었다. 옆의 표를 보면 85 견종이 4가지 계통으로 분류됨을 알 수 있다. 이러한 DNA 분석에 따라, 개는 각 지역에서 독자적으로 발생한 것이 아니라 공통조상이 각지로 확산되었으며, 그 기원은 동아시아임을 알 수 있다.

시바견 아키타견

목양견 계통

세틀랜드 시프도그 등의 목양견과, 목양견의 조상 또는 후손으로 짐작되는 세인트버나드, 보르조이(Borzoi) 등이 여기에 속한다.

아이리시 울프하운드 세틀랜드 시프도그

수렵견 계통

지난 200년 사이에 수렵견으로 길러진 견종. 고대 이집트 벽화의 개와 닮은 파라오하운드는 유전자 확인 결과 고대 이집트와는 관련이 없었다. 번식 프로그램을 통해 고대 이집트의 개와 비슷하게 만들어진 품종으로 추정된다.

바셋 하운드 비글

경비견 계통

마스티프, 복서, 불도그 등의 마스티프계(사역견), 로트와일러(Rottweiler) 등 마스티프계에서 유래한 대형견이 여기에 속한다. 저먼 셰퍼드는 유전적 배경이 명확하지 않은데 경찰견, 군견 등으로 개량되었기 때문인 것으로 추정된다.

불도그 마스티프

아키타견

상 | 원산지는 아키타현 오다테와 가즈노 지방으로 일본 개 중에
서 몸집이 가장 크다. 단단한 체구와 곧추선 귀에서 강한 이
미지가 느껴진다. 침착하고 당당한 외모에 감정을 밖으로 드
러내지 않아 다른 개에게는 느낄 수 없는 초연한 분위기가
나온다. 머리는 크고 폭이 넓으며 완만한 삼각형이다. 굵은
꼬리를 높이 올려 등 위에서 감고 있다. 눈은 작고 짙은 갈색
이며 깊이 패여 있다. 작은 삼각형의 두꺼운 귀는 목 뒤쪽 라
인과 같은 각도로 약간 앞으로 기울어져 있다. 코는 크고 검
다. 끝이 가늘지만 뾰족하지는 않다. 콧등과 이마 사이에 움
푹 들어간 부분이 있는데 이를 '스톱(stop)'이라고 한다.

촬영자 | Manuel Dobrincu

하 | 겉털은 뻣뻣한 직모이고, 속털은 부드러우며 양털처럼 빽빽
하다. 흰색, 검은색, 붉은색, 참깨색, 호랑이무늬, 얼룩무늬의
6색이 '아키타견 표준'이다. 흰색이 아닌 개체도 몸의 아래쪽
또는 일부에 흰색 털이 있어야 한다. 호랑이무늬는 수묵화 느
낌의 검은 털이 줄무늬를 이룬다. 참깨색이란 바탕색에 검
정이나 회색 털이 듬성듬성 섞여 있는 것을 뜻한다. 위 사진
은 붉은색 아키타견, 아래는 호랑이무늬. 아키타견은 해외
에서 인기가 높아, 국내보다 해외에서 사육되는 숫자가 압도
적으로 많다.

촬영자 | Thorsten Henning

전쟁으로 많은 아키타견이 사라지고 3가지 유형이 남았다. 마타기(マタギ)견 유형, 교잡종인 데와(出羽, 투견) 유형, 저먼 셰퍼드와의 교잡종인 셰퍼드아키타 유형이다. 이중 데와 유형은 미국에서 셰퍼드와 교잡하여 아메리칸 아키타(Canis lupus familiaris)라는 별개의 종을 만들어냈다(미국에서는 같은 견종으로 취급). 위 사진은 긴 털을 가진 아키타 종이다. '아키타견 표준' 심사 기준에 따른 '선천적인 것이 확실한 짧은 털이나 긴 털'에는 해당하지만, 일본 아키타견 전람회(도그 쇼)에서는 실격 요소에 해당한다. 예전에는 도태 대상이 되기도 했다. 2차 세계대전 이전에 아키타견이 가라후토(樺太)견과 교잡했기 때문에, 선대의 피가 간헐 유전된 것으로 보인다. 아키타견 중 10퍼센트가 이처럼 긴 털을 갖고 태어난다고 한다.
촬영자 | Zoonar GmbH

늑대와 가장 비슷한 고대 개의 일종

7종의 일본 개 중 유일한 대형종이 아키타견이다. 아키타현에는 곰이나 멧돼지 같은 큰 동물을 사냥할 때 이용하던 '마타기견'이 있었는데 그 혈통을 이은 것이 아키타견이다. '아키타'라는 이름이 공식적으로 붙여진 것은 1931년으로 오래되지 않았지만, 1930년대에 '충견 하치코 이야기[1]'가 화제가 되면서, 하치의 견종인 '아키타'라는 이름도 널리 알려졌다. 그런데 유전자 연구 결과, 시바견과 마찬가지로 아키타견도 늑대에 가까운 DNA를 가진 것으로 밝혀졌다.

2010년 캘리포니아 대학의 브리짓 본홀드(Bridgett vonHoldt) 연구진에 의해 단일 염기 다형성(SNPs)[2] 정보를 기본으로 85견종 912마리의 개와 11개 지역 225마리의 늑대를 대상으로 48,000SNPs 분석을 했다. 그 결과, 유전적으로 늑대에 가깝다고 판정된 6개의 견종 중에 아키타견이 포함되었다. 아키타견은 2004년 미소부수체 배열에 따른 분석에 이어, 늑대와의 근접성이 다시 입증된 셈이다(2010년 연구 대상에서 시바견은 제외되었다).

그렇다면 아키타견과 시바견이 일본 늑대와 연결되어 있는 걸까? 그렇지는 않다. 일본 늑대와 일본 개의 유전적인 연관성은 부정되었다. 늑대가 가축화되어 개가 된 것이 아니라 일본 개는 처음부터 개로서 일본 열도에 왔다고 보는 것이 타당하다. 늑대가 가축화되어 개가 되었다는 오랜 통설도 부정되고 있다. 늑대와 달리 타자를 받아들이는 성격을 가진 개는 수만 년 전부터 늑대와는 다른 진화 과정을 겪으며 인간과 공생했다.

[1] – 주인이 죽은 후에도 매일 시부야 역에서 주인을 기다렸다는 개에 대한 실화다. 존경의 의미에서 하치의 이름에 '공(公)'을 붙여 '하치코'라 불린다.

[2] – SNPs(single nucleotide polymorphism): 유전자 배열의 하나인 염기가 다른 염기로 치환되는 개체 간 유전 정보의 미세한 차이

DATA

이름	아키타견(秋田犬)
영어명	Akita / Japanese Akita
학명	Cams lupus familiaris
특징	일본이 원산, 일본 천연기념물(1931년)
몸무게	약 32~47.5kg
몸높이	수컷 66.7cm, 암컷 60.6cm (±3cm까지 허용: 아키타견 표준)
몸높이와 몸길이 비율	100:110(아키타견 표준)

코요테

뾰족한 코끝이 살짝 여우를 닮은 듯하지만, 코요테는 체형이나 분류상 회색늑대에 더 가깝다. 늑대와 가장 다른 점 중 하나가 큰 귀다. 귀 안쪽은 부드러운 흰 털로, 바깥쪽은 짙은 갈색을 띤 노란색 털로 덮여 있다. 시각이 날카롭고 후각이 발달되어 있기는 하지만, 아쉽게도 큰 귀에 비해 갯과 동물 중에서 청력이 뛰어난 편은 아니다. 사진은 눈이 남아 있는 2월에 포착된 야생 그대로의 모습이다. 코요테는 옐로스톤 국립공원의 생태계에서 최상위 부분을 차지했었지만 늑대 재도입 프로젝트가 시작되면서 그 수가 감소되었다. 코요테에게 늑대는 생태계의 경쟁자이자 최악의 천적이기 때문이다.

촬영지 | 미국(와이오밍 주, 옐로스톤 국립공원)
촬영자 | Danny Green

대초원의 늑대라
불리는 코요테

서부영화 속 주인공처럼, 코요테가 광야에 홀로 서 있다. '프레리 울프(prairie wolf, 대초원의 늑대)'라는 별명과 딱 맞는 모습이다. 외로운 코요테들이 떠도는 이곳은 데스밸리, 즉 죽음의 계곡이다. 멀리 3,000미터가 넘는 텔레스코프 산이 눈에 덮인 채 우뚝 솟아 있다. 데스밸리 국립공원은 미국에서 가장 기온이 높고 건조한 곳으로 여름에는 기온이 50도까지 올라간다. 비가 거의 오지 않아 사막처럼 작열하는 땅이다. 이처럼 열악한 환경에도 적응할 수 있기 때문에 코요테는 그 서식지를 넓혀 갈 수 있었다.

촬영지 | 미국(캘리포니아 주, 데스밸리 국립공원)
촬영자 | Florisvan Breugel

작은 몸집에도
늑대의 자태를 뿜어내는 코요테

살포시 눈이 덮인 설원에서 꼬리를 접고 오른쪽 앞발을 쭉 뻗는다. 어디를 바라보고 있는지 약간 찡그린 표정이다. 코요테는 늑대에 비해 전체적으로 몸이 작고 홀쭉하다. 얼굴도 코도 날카롭게 생겨서 외관상으로 여우보다는 늑대에 가깝다. 코요테와 늑대의 모습을 세밀하게 연구한 결과, 거의 유사하다는 결론이 내려졌다. 만약 늑대의 몸이 작아진다면 코요테를 쏙 빼닮았을 것이라고 한다. 코요테의 별명 중 하나가 '리틀 울프'인 이유가 이것이다.

촬영지 | 미국(와이오밍 주, 옐로스톤 국립공원)
촬영자 | Ben Cranke

수다쟁이 코요테

코요테의 울음소리는 날카롭고 신경을 거슬리게 한다. 주로 무리와 떨어져 있을 때 자신의 위치를 알리거나 자신의 세력권을 주장하기 위해 울부짖는데, 해가 저물 무렵이나 새벽에 무리가 모여 합창을 하기도 한다. 멀리서 들리는 코요테의 울음소리는 단말마의 비명처럼 들린다. 이 합창이 2분 가까이 계속되는 경우도 있어서, 미국의 황야에서 들으면 소름이 돋을 지경일 것이다. 하지만 아메리카 원주민 설화에서 코요테는 신화 속 인물인 트릭스터 역할로 자주 등장한다. 아마 원주민들만 듣는 울음소리가 있을지도 모르겠다. 사진 속에서 코요테 모자가 합창하고 있다. 늑대를 비롯한 야생 개는 웬만해서는 짖지 않지만, 코요테는 긴 울음소리를 자주 낼 뿐만 아니라 집개처럼 자주 으르렁대기 때문에 가장 시끄러운 야생 개로 알려져 있다. 아마 그렇게 의사소통하는 것이 아닐까 싶다.

촬영지 | 미국   촬영자 | Roland Seitre

점프! 작은 먹이만 노린다

북아메리카와 중앙아메리카에 서식하는 코요테는 자칼과 마찬가지로 자연계의 '청소부'로 알려져 있는 갯과 동물이다. 주로 토끼와 쥐를 먹지만 소나 양의 시체, 곤충, 새, 뱀, 도마뱀, 과일, 잡초, 인간이 버린 쓰레기 등 손에 닿는 것은 무엇이든 먹어치운다. 환경 적응력이 뛰어나지만, 코요테가 선호하는 서식지는 나무들이 드문드문 있는 탁 트인 초원이다. 야행성으로 낮에는 주로 굴에서 지내고 해가 진 뒤에 활발하게 움직이며 사냥을 한다.

몸집이 크지 않아 주로 작은 먹잇감을 노리는데 사냥법이 상당히 교묘하다. 예를 들면 코요테는 사냥을 시작하면 일단 죽은 척한다. 동물의 시체를 먹는 까마귀에게 자신이 시체인 척 위장하기 위해서다. 그리고 상대가 충분히 다가오면 벌떡 일어나 물어버린다.

작은 먹이를 사냥할 때는 보통 몇 미터 앞에서부터 살금살금 다가간다. 때로는 50미터 거리를 15분에 걸쳐 접근하기도 한다. 반면 사슴처럼 큰 먹이를 사냥할 때는 몇 마리가 릴레이하듯이 쫓아가기도 한다. 시속 60킬로미터 이상으로 쫓아가다가 지치면 다음 코요테에게 바통 터치를 한다. 교대한 코요테가 지치면 다시 그 다음 선수가 쫓는다. 잡은 먹잇감은 교대로 먹는다. 만약 6마리의 무리라면, 먼저 3마리가 먹고 나머지 3마리는 먹이를 빼앗기지 않도록 감시한다. 참으로 영리하다.

코요테란 아스테카(Azteca)족의 언어로 '짖는 개(coyoti)'에서 유래했다. 이름처럼 잘 짖는 개로 유명한데, 동료끼리 서로의 위치를 알리는 등 의사 전달의 수단이기 때문이다. 늑대를 비롯한 많은 야생 갯과의 동물이 인간에게 포획되거나 서식지를 빼앗기면서 줄어들고 있는 반면, 코요테는 그 빈틈을 채우듯이 증가해 왔다. 또한 행동 범위를 넓혀 대도시 주변에서도 볼 수 있게 되었다. 쓰레기를 먹고도 살아갈 수 있을 정도로 씩씩한 데다 특유의 조심스러운 성격 덕분이다. 인간이 설치한 덫이나 독을 넣은 먹이에 쉽게 유혹되지 않는 것을 보면 그 성격을 알 수 있다.

식육목 중 고양잇과와 곰과의 동물은 앞발의 강력한 순발력과 유연한 관절을 이용해 먹이의 목뼈를 부러뜨린다. 하지만 갯과 동물은 고양이처럼 펀치를 날리지 않는다. 4개의 다리가 장거리 달리기에 특화되었기 때문인지, 인간이나 고양이처럼 앞발을 능숙하게 사용하지 못한다. 따라서 몸이 가벼운 갯과의 붉은여우나 코요테는 비슷한 기술을 사용한다. 작은 먹이를 노릴 때 펀치를 날리는 것이 아니라 강력한 뒷다리 근육을 이용해 수직으로 점프한 뒤 중력을 이용해서 붙잡는다. 그리고 2개의 앞발로 짓누른 다음 이빨로 숨통을 끊는다. 코요테는 조용히 다가가 먹이의 위치를 확인하면, 즉시 뛰어올라 바로 위에서 덮친다. 작은 사냥감을 땅바닥에 짓눌러서 이빨로 물어 죽이는 것이다.

촬영지 | 미국(와이오밍 주, 북서부)
촬영자 | Tom Mangelsen

가축을 해친다는 오명을 쓴 코요테

미국 서부를 중심으로 분포되었던 코요테는 최근 수백 년 동안 계속 확대되어 왔다. 현재는 북쪽으로는 캐나다와 알래스카까지, 남쪽으로는 중앙아메리카의 파나마와 코스타리카에도 서식한다. 늑대를 비롯한 다른 갯과 동물이 줄어들면서 코요테가 늘어날 여지가 생겼고, 산림 벌채와 농지 확대 등으로 코요테가 살기 좋은 평원이 늘어났기 때문일 것이다. 그들은 오랫동안 인간의 제거 대상이었다. 독살, 사살, 혹은 덫으로 포획해 매년 12만 마리 이상이 제거되었던 시기도 있었다. 코요테가 가축을 습격한다고 여겼기 때문이다. 하지만 코요테의 위장 내용물을 확인해본 결과, 사실이 아님이 확인되었다. 조사한 수천 마리 중 가축이나 가금류를 먹은 것은 10퍼센트 정도에 불과했다.

오해의 원인은 절반쯤 뜯어 먹힌 소나 양의 시체 옆에 코요테의 발자국이 자주 관찰되었기 때문이다. 대부분은 다른 이유로 동물이 죽었고, 코요테는 그 썩은 고기를 먹었을 뿐이다. 다만 코요테와 개는 교잡이 가능한데, 그 사이에서 태어난 코이독(Coydog)은 코요테보다 적극적으로 가축이나 가금류를 공격하는 경향이 있다.

오랫동안 코요테는 단독 생활자로 알려져 있었지만 이것도 다소 오해였음이 확인되었다. 미국의 서부극에서 황량한 풍경 속을 홀로 떠도는 존재로 묘사되는 경우가 많았기 때문인데, 사실 코요테는 늑대와 마찬가지로 짝을 기본으로 해서 무리를 이루어 산다. 암컷은 1년에 한 번, 평균 6마리의 새끼를 낳는다. 대부분의 새끼는 생후 1년이 되면 부모를 떠나 독립하는데, 독립이 늦어져서 '헬퍼(helper)'로 무리 내에 머무는 개체도 있다.

무리는 함께 생활하며 협력해 큰 먹이를 사냥한다. 하지만 코요테는 늑대만큼 개체 간의 결속력이 강하지는 않고 환경에 따라 상이한 모습을 보인다. 대형 사냥감을 얻기 쉬운 장소에서는 무리를 짓는 경우가 흔하지만, 작은 포유류만 겨우 잡히는 장소에서는 단독으로 행동하기도 한다. 환경에 맞춰 다양한 형태의 무리를 구성하는 유연성을 발휘함으로써 분포 범위를 넓힐 수 있었다.

들쥐부터 대형 사슴까지, 다양한 크기의 동물을 사냥하는 코요테에게 가장 큰 문제는 먹이가 부족한 겨울철을 나는 것이다. 최선의 해결책은 추위와 굶주림, 질병으로 동물들이 많이 죽어서 그 고기를 먹는 것이다. 11월부터 4월까지, 코요테의 먹이는 썩은 고기일 경우가 많다.

코요테의 이런 식성 때문에 하이에나, 자칼과 더불어 '자연계의 청소부'라 불린다. 사진에서 보듯이 이 청소부들이 남긴 것은 까치와 어치 같은 까마귓과 동물들이 먹어치운다.

촬영지 | 미국(와이오밍 주, 옐로스톤 국립공원)

새끼들이 있는 보금자리는 항상 청결하게

배가 고픈지 새끼 5마리가 굴에서 나와 있다. 새끼들과 지내는 보금자리는 사진처럼 바위틈이나 나무 밑동의 구멍, 혹은 숲의 경사면에 직접 토굴을 파기도 하고 여우나 스컹크가 버린 굴을 재활용하기도 한다. 굴은 간혹 10미터나 되는 것도 있는데 굴이 막힌 지점이 엄마와 새끼들이 사는 방인 셈이다. 방 안은 항상 청결하다. 코요테는 일부일처제로, 늦겨울에 교미해서 약 2개월 후인 봄에 약 6마리의 새끼를 낳는다. 새끼들은 2~3주 만에 굴에서 나오며 젖을 떼는 데 한 달 반 정도 걸린다. 수컷은 굴에 들어가지 않고 처음에는 암컷에게, 이후에는 새끼들에게 먹이를 날라준다. 젖을 막 뗀 새끼들에게는 반쯤 소화시킨 먹이를 토해준다. 생후 2~3개월이 지나면 가족이 함께 사냥에 나선다. 새끼는 9개월 만에 어미와 같은 크기로 성장하고 얼마 뒤 보금자리를 떠나 독립한다. 코요테는 집개와 교잡해 코이독을 낳고, 늑대와 교잡해 코이늑대(Coywolf)를 낳는다. 코요테의 생태를 알게 되면 개란 무엇인지, 독립한 종이란 무엇인지에 대한 힌트를 얻을 수 있다.

촬영지 | 미국(와이오밍 주, 옐로스톤 국립공원)
촬영자 | Tom Mangelsen

| 코요테의 분포

DATA

한국명	코요테
영어명	coyote
학명	Canis latrans
보존상태	멸종위기등급(IUCN) – 관심 필요종(LC)
몸무게	7~23kg
몸길이	70~100cm
어깨높이	45~53cm
꼬리길이	30~40cm

아 프 리 카

황 금 늑 대

아프리카 북동쪽에 위치한 케냐의 초원에서 누군가 썩은 고기를 먹고 있다. 10월
은 건기가 끝날 무렵이므로 먹이가 적은 시기다. 사진의 주인공은 자칼을 닮았다.
예전에는 아프리카에 서식하는 황금자칼의 아종으로 알려졌던 개체이기도 하다.
그러나 2015년에 신종 늑대인 '아프리카황금늑대'로 밝혀졌다. 이들은 아프리카
의 북서쪽에서 북동쪽에 걸쳐 분포되어 있다. 그 최남단에 해당하는 케냐에서 포
착된 사진 속의 동물은 아프리카황금늑대의 아종으로, 세렝게티늑대(Canis
anthus bea)라고도 불린다. 북부의 아종에 비하면 조금 작고, 털 색깔도 연하고
밝으며, 코끝이 뾰족하다.

촬영지 | 케냐 (사바 국립 야생동물 보호구역)   촬영자 | Malcolm Schuyl

신종 늑대인가, 자칼의 아종인가

2015년 아프리카에서 새로운 종의 늑대가 발견되었다. 바로 아프리카황금늑대다. 회색늑대, 코요테, 자칼이 포함된 개속(屬)에 새로운 종이 더해진 것은 150년 만의 일이다. 아프리카 지역의 늑대 중 개속에 속하는 것은 에티오피아늑대에 이어 두 번째다. 이전까지 이 신종 늑대는 같은 개속의 황금자칼로 분류되었다. 황금자칼은 자칼 3종 중 가장 널리 분포하는 종으로, 유라시아에서 아프리카까지 다양한 환경에 적응하여 살고 있다.

하지만 유전자 분석 결과, 아프리카의 황금자칼은 유라시아의 황금자칼과 조상이 같기는 하지만 약 100만 년 전에 갈라져서 별개로 진화해온 것으로 확인됐다. 또 회색늑대의 아종이 아니란 사실도 밝혀졌다. 아프리카에서 황금자칼이라 알려졌던 동물이 사실은 신종 늑대로 밝혀졌고 '아프리카황금늑대'란 이름이 붙여졌다.

개속 중에서 소형에서 중형에 속하는 것이 자칼이고, 대형이 늑대다. 자칼은 단독 또는 소수로 사냥하고, 늑대는 무리를 이루어서 한다. 하지만 명확한 차이는 아니다. 아프리카황금늑대는 유라시아의 황금자칼보다 몸집이 좀 더 크고 두개골도 크지만, 이들의 외관은 상당히 비슷하다. 100만 년 전부터 다른 진화의 길을 걷고 있는데도 왜 이렇게 비슷한 외관을 가진 걸까.

이에 대해 신종 발견에서 중추적인 역할을 한 생물학자 클라우스 피터 코프플리(Klaus-Peter Koepfli)는 이 두 종이 진화하는 과정에서 같은 형태의 진화적 압력이 가해졌기 때문일 것이라고 설명했다. 즉 두 종 모두 사막의 혹독한 환경에 적응했기 때문에 결과적으로 작은 몸집에 마른 체구가 되었고, 털이 얇아서 햇빛을 잘 흡수하지 않는다는 특징을 갖게 된 것이다.

아프리카와 유라시아의 황금자칼이 같은 종이 아닐 가능성에 대해서는 2015년에 별개의 종으로 확정되기 수년 전부터 지적되어 왔다. 황금자칼의 넓은 분포 영역을 고려해보면, 앞으로 또 다른 신종이 발견될 수도 있을 것이다.

상 | 세네갈에 슬슬 장마가 시작될 무렵인 7월. 인도흑소(Bos primigenius indicus)의 시체를 둘러싸고 이집트늑대 두 마리가 싸우기 시작했다. 회색늑대를 닮았지만 사실은 아프리카황금늑대의 아종이다. 오른쪽 늑대가 송곳니를 드러내 위협적인 표정을 지으며 격렬하게 공격할 태세다. 자신의 먹이를 지키려고 다양한 각도에서 필사적으로 움직이는 다른 한 마리. 귀가 꺾여 있지 않은 것을 보면 싸우겠다는 의지는 충분하다. 건기에는 비가 거의 내리지 않는다. 먹이가 적은 건조한 대지에서 먹이를 놓고 이런 싸움이 끝없이 일어난다.

촬영지 | 세네갈   촬영자 | Cecile Bloch

좌 | 대서양에 면한 서아프리카 세네갈의 북부가 아프리카황금늑대가 서식하는 서쪽 끝이다. 사막 근처 반건조 지대의 고목 주위에 어린 늑대 4마리가 신기하게도 나무 위를 오르내리며 놀고 있다. 사진 속의 주인공은 아프리카황금늑대의 아종으로 '이집트늑대'라고도 불린다. 몸집이 크고 튼튼하며 귀는 작지만 회색늑대의 특성이 상당히 많이 보인다. 그래서 한때는 회색늑대의 아종으로 간주된 적도 있었다. 등은 노르스름한 회색에 검은빛 털이 섞여 있다. 코끝, 귀, 다리 바깥쪽은 붉은빛을 띤 노란색이고, 입 주위는 희다.

촬영지 | 세네갈   촬영자 | Cecile Bloch

DATA

한국명	아프리카황금늑대
영어명	African Golden Wolf
학명	Canis latrans
보존상태	멸종위기등급(IUCN) – 관심 필요종(LC)
몸무게	7~15kg
몸길이	60~106cm
어깨높이	38~50cm
꼬리길이	20~30cm

| 아프리카황금늑대의 분포

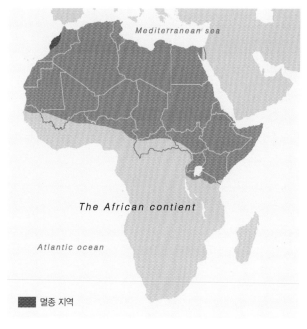

Mediterranean sea

The African contient

Atlantic ocean

█ 멸종 지역

※세계자연보호연맹(IUCN)의 최신판 레드 리스트(2008년) 및 최신판 Mammal Species of the World Third Edition(2005년)은 신종 늑대의 발견 전에 발간되었으므로, 황금자칼의 아종으로 구분되어 있다.

에티오피아

이곳은 아프리카에 있는 천공의 비경(秘境). 풀마저도 나무처럼 높이 자란다. 거대한 고산식물 자이언트 로벨리아(giant lobelia)가 줄지어 서 있는 사이로 일본 신사의 여우 동상처럼 앉아 있는 에티오피아늑대가 보인다. 이름에서 짐작할 수 있듯이 에티오피아의 고유종이다. 발레산 국립공원은 이들이 서식하고 있는 마지막 두 개의 작은 서식지 중 하나다. 해발 4,000미터에 달하는 사네티 고원은 낙원인가, 아니면 열대의 땅에 존재하는 얼어붙은 지옥인가. 멸종 위기에 노출된 그들의 생활을 살펴본다.

촬영지 | 에티오피아(발레산 국립공원)
촬영자 | Anup Shah

늘대

멸종 직전에 이른
아프리카
최후의 늑대

노란색 아름다운 꽃을 배경으로 에
티오피아늑대가 한 걸음을 내딛는
순간이다. 평온해 보이는 눈이 인상
적이다. 밝은 적갈색과 흰색의 체모
가 뚜렷하게 나뉘어져 있다. 입 주
위, 목, 가슴, 다리 안쪽은 새하얗다.
선명한 털빛이 고귀한 분위기를 풍
긴다. 이것이 우리가 지켜보는, 아프
리카 최후의 늑대다.

촬영지 | 에티오피아(발레산 국립공원)
촬영자 | Will Burrard-Lucas

영하 7도까지 내려간 얼어붙은 초원
에서 대지를 녹이는 아침 햇볕을 쬐
고 있는 에티오피아늑대. 몸을 둥글
게 말고 있기는 해도 편안한 모양이
다. 촬영지 에티오피아 남부 발레산
국립공원 외에 또 다른 서식 장소에
는 북부 시미엔(Simien) 국립공원이
있다. 학명 Canis simensis는 이들
의 서식지인 '시미엔'에서 유래했다.

촬영지 | 에티오피아(발레산 국립공원)
촬영자 | Will Burrard-Lucas

단정한 옆모습이
아름다운 늑대

온순해 보이는 표정이다. 겉모습은 개를 닮았고, 귀
는 여우를 닮았다고나 할까? 다리는 날씬하고 길다.
동물은 오랫동안 형체와 뼈, 치아에 따라 분류되어
왔다. 그 분류 기준에 따라 이들은 자칼이라고 불렸
다. 그런데 최근 유전자(DNA) 분석에 따른 분류가
도입되어 이들이 늑대의 일종임이 확인되었다. 보는
각도에 따라 개 또는 여우, 자칼로 보이기도 한다.
특징이라면 얼굴 모습이 단정하다는 것이다. 사실은
그래서 살아남을 수 있었다. 에티오피아 야생동물
보호의 상징적인 존재가 된 이유가 아름다운 옆모습
때문이라는 말도 있다.

촬영지 | 에티오피아(발레산 국립공원)
촬영자 | Anup Shah

다른 암컷도 젖을 먹이는 공동 육아 시스템

빙하기에 유라시아 대륙에서 아프리카 대륙으로 건너간 회색늑대의 후손이 에티오피아늑대다. 원래는 자칼의 일종으로 여겨져 '아비시니아자칼'('아비시니아'는 에티오피아의 옛 이름)이라 했지만 지금은 늑대로 분류된다.

에티오피아 국내에만 있는 늑대로, 해발 3,000미터가 넘는 고원지대나 초원으로 서식지가 한정되어 있다. 에티오피아 북부의 시미엔 국립공원과 남부 발레산 국립공원 일대에 흩어져 분포한다. 아프리카라고 해도 풀이 얼어버릴 정도로 지독히 추운 고지대이지만, 그런 환경에 적응하며 살아왔다. 다만 저지대에서 서서히 고지대로 옮겨갔을 가능성이 크다. 체모를 보면 최근까지는 고도가 낮은 곳에 살았던 것으로 추측된다. 선명한 금색 털로 덮여 있어 아름답지만, 현재 그들이 사는 회색 바위나 녹색 잔디란 환경에서는 쉽게 눈에 띄기 때문이다.

이들은 목에서 가슴에 걸쳐 반점과 흰 무늬가 있는 것이 특징인데, 무리 속에서 지위가 높을수록 뚜렷하다고 한다. 작은 무리를 만들어 살지만 그 속에서도 서열은 분명하게 정해져 있다. 서열이 높은 암컷은 매년 새끼를 낳지만, 그렇지 못한 암컷은 출산하지 않고 다른 암컷의 새끼에게 모유만 먹인다. 무리 내에서 몇 마리가 부모와 함께 육아를 담당한다. 부모나 육아 담당 늑대가 뱃속에 있는 먹이를 토해내어 새끼를 먹인다.

안정적인 무리 생활을 하지만, 에티오피아늑대는 갯과 동물 중 멸종 위험성이 가장 높다. 총 개체수는 현재 600마리 정도로 추정된다. 사냥과 교통사고 외에도 고지대 초원의 많은 부분이 농지로 전환되면서 서식지가 줄어들었기 때문이다. 하지만 가장 큰 원인은 개로부터 옮겨진 질병이다. 예전에 광견병에 걸린 개가 국립공원을 방문한 후 광견병이 널리 만연하게 되면서 에티오피아늑대 개체수가 크게 줄어들기도 했다.

이런 일이 발생하지 않도록, 야생 개에게 광견병 예방 백신을 투여하는 등 전문가들의 노력이 이어지고 있다.

뛰어놀고 있는 새끼 늑대들. 만 1세가 될 때까지 부모와 무리 내 어른들에게 먹이를 얻어먹을 수 있으므로, 다른 갯과 동물에 비하면 편하게 산다. 새끼의 체모는 밝은 적갈색과 흰색 부분이 어른 늑대만큼 선명하게 구분되지는 않지만 같은 계통의 색과 무늬를 가지고 있다. 그런데 오른쪽 새끼의 등에 올라가 있는 왼쪽 새끼의 꼬리를 보면 그 형태가 어른 늑대와 같다. 꼬리 끝에서 절반 정도가 검고 나머지는 희다는 점이 특징이다.

촬영지 | 에티오피아(발레산 국립공원)   촬영자 | Will Burrard-Lucas

생후 약 10주 된 새끼 늑대가 조금 귀
찮다는 표정의 어른 늑대에게 달라붙
고 있다. '찰싹 달라붙어서 떨어지지
않는다'는 설명에 딱 맞는 것이 바로
이런 모습이 아닐까. 그런데 어린 늑
대가 달라붙어 있는 것은 어미가 아
니라 나이 차이가 나는 누나라고 한
다. 어미가 맡긴 육아 역할을 수행 중
이다. 어미가 세력권을 순찰하거나
사냥을 하러 나간 사이에 어린 동생
들을 돌봐주는 것이다.

촬영지 | 에티오피아(발레산 국립공원)
촬영자 | Will Burrard-Lucas

이들의 관계도 위의 사진처럼 나이
차이가 나는 누나와 동생들이다. 왼
쪽의 새끼 늑대는 누나에게 몸을 부
비고 있고, 오른쪽 새끼 늑대는 뽀뽀
해주는 누나에게 새침한 척하면서도
기분이 나쁘지 않은 모습이다. 늑대
새끼는 10부터 1월 사이에 태어나는
데 한 마리의 암컷이 2마리부터 최
대 7마리까지 낳는다. 1월부터 3월
무렵이 되면 새끼들이 건강하게 돌
아다니는 모습을 볼 수 있다. 암컷의
60퍼센트 정도가 새끼를 낳는데, 육
아를 도와주다가 출산하는 경우도
있다. 생식이 가능한 성(性) 성숙 단
계가 된 암컷은 무리에서 독립해 짝
을 찾으려고 하지만, 에티오피아늑
대의 수가 적기 때문에 집개와 교잡
하기도 한다.

촬영지 | 에티오피아(발레산 국립공원)
촬영자 | Will Burrard-Lucas

사냥에서 돌아와 무리와 인사를 나누는 에티오피아늑대. 꼬리를 흔들며 몸을 부비거나 서로 코를 핥기도 한다. 발레산 국립공원의 사네티 고원에서는 2~18마리씩 무리를 지어 자신들의 영역을 지킨다. 어미 늑대를 비롯한 무리들은 아침저녁으로 세력권을 순찰해야 하므로 새끼들은 육아 담당자에게 맡겨진다.

촬영지 | 에티오피아(발레산 국립공원)   촬영자 | Will Burrard-Lucas

사냥은 홀로, 날이 저물면 무리에 합류

에티오피아늑대의 주요 먹이는 에티오피아 고지대에 사는 '큰머리두더지쥐'다. 크기는 시궁쥐만하고 땅속에 파놓은 굴에서 사는데, 하루에 약 20분만 땅 위로 얼굴을 내민다. 타이밍을 맞추지 못하면 잡을 수 없다.

에티오피아늑대는 그 순간을 침착하게 기다리다가 구멍에서 먹이가 나오는 즉시 달려들어 코끝으로 쳐서 잡는다. 에티오피아늑대는 청각이 매우 예민해서 먹이가 땅속의 구멍에서 나오는 순간을 감지한다. 이런 식의 사냥은 기본적으로 혼자서 한다. 에티오피아늑대는 무리를 지어 살고, 각 무리는 5~8제곱킬로미터 정도의 영역을 가진다. 이는 무리가 자신의 세력권 내에서 충분한 양의 큰머리두더지쥐를 확보할 수 있는 넓이라 할 수 있다.

낮에는 뿔뿔이 흩어져 사냥을 하고 어두워지면 돌아와 무리에 합류한다. 아침저녁으로 세력권 내에 외부의 적이나 다른 늑대 무리가 들어오지 않았는지 함께 순찰하고, 침입자를 발견하면 힘을 합쳐 쫓아낸다. 그렇게 해서 새끼들(서열이 높은 암컷만 한 번에 2~7마리의 새끼를 낳는다)의 안전을 확보하고 무리가 공동으로 육아한다.

이처럼 에티오피아늑대는 상당히 희소한 동물이면서도 그 생태에 대해서는 비교적 분명하게 알려져 있다. 그들이 한정된 영역에서, 특히 전망이 좋은 곳에 살고 있어서 관찰이 쉽기 때문이다. 또한 이들의 서식지가 인간이 살아가는 곳이므로, 인간과 친근해 연구자들을 보고 도망치지 않기 때문이다. 현지인들도 늑대에게 관대하며 서로 특별히 신경 쓰지 않고 공존하며 살아간다. 따라서 연구자들은 무리의 움직임을 쫓아서 개별 늑대가 어떤 상태에 있는지 파악하고 경과를 추적할 수 있었다.

에티오피아늑대가 위기에 처했을 때, 재빨리 알아채고 보호 활동이 이루어졌다. 늑대에게도 질병의 예방 백신이 투여된 것이다. 먼저 간단한 덫을 놓아 늑대를 잡은 뒤, 전문가팀이 신속하게 백신을 투여하는 등 필요한 조치를 한 다음 풀어줬다. 이런 활동이 이 희소한 늑대가 살아남게 하는 데 도움을 주었다.

상 | 절대 발소리를 내서는 안 된다. 풀숲을 천천히 조용히 걸어가서 귀를 곤두세운다. 먹이를 발견하면 목표물을 향해 낮은 자세로 접근한다. 그런 다음 붉은 여우처럼 수직으로 점프해서 앞발 두 개로 작은 먹이를 꽉 누른다. 발레산 국립공원에는 큰 먹이가 거의 없기 때문에 무리지어 사냥하는 경우는 드물다. 에티오피아늑대는 혼자 사냥해서 새끼나 조카들에게 줄 먹이를 가지고 돌아간다.

촬영지 | 에티오피아(발레산 국립공원)
촬영자 | Ignacio Yufera

하 | 가축을 노리지는 않는다. 먹이의 95퍼센트는 들쥐다. 주 먹이는 '큰머리두더지쥐'로, 일본에서 인기 있는 '벌거숭이뻐드렁니쥐'를 닮았는데 털이 있는 타입이다. 이 쥐는 좋아하는 풀을 얻기 위해 굴 밖으로 뛰어나갔다가 바로 굴로 돌아가므로 그 짧은 시간을 노려야 한다. 쉽게 잡을 수 없어 실패하는 경우가 많다. 큰 먹잇감이 거의 없어서 같은 종족끼리 안정된 먹이를 확보하기 위해서는 세력권을 지켜야 한다. 그들이 무리를 짓는 이유이기도 하다.

촬영지 | 에티오피아(발레산 국립공원)
촬영자 | Will Burrard-Lucas

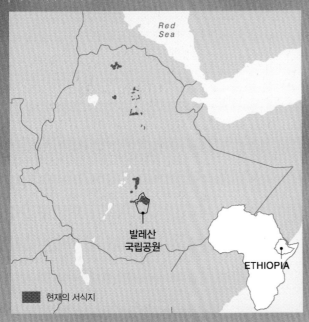

에티오피아늑대의 분포

현재의 서식지

발레산
국립공원

ETHIOPIA

Red
Sea

DATA

한국명	에티오피아늑대
영어명	Ethiopian Wolf
학명	Canis simensis
보존상태	멸종위기등급(IUCN) – 멸종 위기종(EN)
몸무게	수컷 14~19kg, 암컷 11~14kg
몸길이	수컷 93~101cm, 암컷 84~96cm
꼬리길이	수컷 29~40cm, 암컷 27~30cm

11월. 에티오피아늑대가 자신들의 세력권을 순찰하고 있다. 원래 약 600마리가 남아 있었지만 지금은 500마리가 채 안 된다는 얘기도 있다. 여기 발레산 국립공원에 약 250마리, 학명의 유래가 된 시미엔 산림지대에 50마리 이하, 그 외 지역에 소수가 남아 있다. 전 세계적으로 가장 멸종이 우려되는 종이다. 한때 이들이 가축을 습격한다는 잘못된 정보로 인해 닥치는 대로 사살되었기 때문이다. 서식지가 개발되자 개가 침입해 광견병에 감염되기도 했다. 사네티 고원에 가축을 방목했으므로, 사람들이 데리고 온 개에게 감염된 것이다. 2015년에는 개 홍역까지 퍼지면서 개체수가 더 감소했다.

촬영지 | 에티오피아(발레 국립공원)
촬영자 | Will Burrard-Lucas

황 금 자 칼

황금자칼 한 마리가 꼬마홍학(Phoe
nicopterus minor)을 쫓고 있다. 강
인한 다리 근육을 이용해 유연하게
질주한다. 케냐의 나쿠루(Nakuru)
호수엔 한때 대량의 조류가 번성했
고, 이를 먹이로 하는 홍학이 100만
마리 이상 날아들어 세계적인 장관
을 연출했다. 현재는 수질 변화에 따
라 조류가 자라지 않아 아쉽게도 홍
학은 급격하게 감소했다. 하지만 아
직도 400종이 넘는 새들이 호수와
공원을 찾아와 자칼이 먹이를 구하
는 데 어려움은 없을 것이다.

*최근 유전자검사를 통해 아프리카에 서식
하는 황금자칼은 자칼이 아니라 '아프리카
황금늑대'라는 신종 늑대임이 밝혀졌다.
앞으로 이 책에서 언급되는 아프리카 지역
의 황금자칼은 '아프리카황금늑대'임을 밝
혀둔다.

촬영지 | 케냐(나쿠루 호수 국립공원)
촬영자 | Anup Shah

가족끼리만 무리 짓기,
가족 전원이 육아하기

자칼은 암컷과 수컷이 짝을 이루어 협력 관계를 유지하면서, 가족이 하나의 무리를 지어 안정적으로 생활한다. 특징이라면 새끼 중 한 마리가 생후 11개월이 지나 성숙한 뒤에도 바로 번식하지 않고 1년간 가족들과 함께 지내면서 동생들을 보살핀다는 것이다.

이런 젊은 자칼은 '헬퍼'라고 불리며 무리 속에서 중요한 역할을 한다. 헬퍼가 새끼를 지켜줌으로써 부부는 먹이를 구하러 나갈 수 있다. 또한 수유 중인 어미에게 음식을 날라주는 등 여러모로 도움을 준다. 결과적으로 헬퍼가 있으면 새끼의 생존율이 높아진다. 이는 헬퍼의 입장에서도 자신과 동일한 유전자를 가진 개체가 최대한 살아남도록 하다는 의미가 있다.

자칼은 세력권에 대한 인식이 강해서, 자신들이 사는 굴 주변 지역에 정성을 들여 마킹을 한다. 이외에 먹을 때나 쉴 때도 부부가 함께 행동하는 경우가 많아서 가족이 단단한 유대관계를 갖고 있는 듯 보인다. 이는 번식에 유리하다는 장점 때문이겠지만, 단지 그 이유 때문만은 아닐 것이다. 자칼 가족에게서는 따뜻한 온기가 느껴진다.

좌 | 황금자칼의 약 13개 아종 중 하나인 인도자칼(Canis aureus indicus), 어깨와 귀, 다리에 걸쳐서 연노란색을 띤 갈색에 흰색 또는 검은색 털이 섞여 있고, 등과 꼬리는 거무스름하다. 다른 아종에 비해 월등히 작아서 몸길이 100센티미터, 몸높이 35~45센티미터에 불과하며 몸무게도 8~11킬로그램으로 가볍다. 방글라데시에 서식하는 인도자칼의 평균 몸무게는 수컷이 10.3킬로그램, 암컷이 8.5킬로그램이다. 사진에 나오는 인도 란탐보르 국립공원은 원래 영주의 사냥터였는데, 호랑이 보호구역이 되면서 국립공원으로 지정되었다.

촬영지 | 인도(라자스탄Rajasthan 주, 란탐보르Ranthambore 국립공원)
촬영자 | Chris Brunskill

우 | 굴에서 나온 인도자칼의 새끼들. 눈과 귀가 붉은 빛을 띠는 것이 자칼의 특징이다. 굴은 자연의 토굴이나 바위틈을 이용하거나, 벵골여우, 인도갈기산미치광이(Hystrix indica), 회색늑대가 쓰던 굴을 재활용하거나, 직접 파기도 한다. 코요테처럼 길게 파지는 않는다. 2~3미터 길이에 50센티미터~1미터 깊이로 판다. 출구는 1개부터 최대 3개다. 인도자칼은 평균 4마리의 새끼를 낳지만 모든 새끼들이 생존하지는 못한다. 가족 구성은 독신, 한 쌍, 3마리 이상의 무리가 각각 3분의 1씩을 차지하는데 4~5마리 단위로 가족을 이루는 경우가 많다고 한다.

촬영지 | 인도(마디아프라데시Madhya Pradesh 주, 반다브가르Bandhavgarh 국립공원)
촬영자 | Nayan Khanolkar

황금자칼의 분포 지역은 상당히 넓다. 동남아시아에서 인도를 거쳐 중동, 터키, 그리고 북아프리카까지 분포되어 있다(최근 아프리카에 서식하는 것은 황금자칼이 아니라 아프리카황금늑대라는 신종 늑대임이 밝혀졌다). 또 지중해의 그리스와 동유럽 남부의 불가리아, 루마니아의 남부, 그리고 멀리 떨어져 있는 헝가리 일부 지역에도 서식한다. 사진은 물가를 걸으며 먹이를 찾는 유럽자칼(Canis aureus moreoticus)로, 루마니아에 서식하는 황금자칼의 아종이다. 아종 중에서는 가장 대형으로 총길이 120∼125센티미터, 몸무게 10∼15킬로그램이다. 털이 거칠고 허벅지와 이마, 귀는 불그스름한 밤색이다.

촬영지 | 루마니아
촬영자 | Martin Steenhau

성큼성큼 걸어가는
동유럽의 황금자칼

아프리카에서 사냥하기

호수에서 무방비 상태의 꼬마홍학을 노리는 황금자칼(신종 늑대로 밝혀진 아프리카황금늑대). 상당한 잡식성이라 먹이를 가리지 않는다. 아프리카에서는 옆 페이지에 나오는 인디아영양의 일종인 가젤의 새끼를 주로 먹는데, 무리를 지어 어른 가젤을 잡기도 한다. 목을 물어 죽이는 검은등자칼(Canis mesomelas)과는 달리, 먹이를 죽이지 않고 배를 갈라 내장을 꺼내 먹는다. 길고 날카로운 송곳니와 크고 끝이 뾰족한 열육치(裂肉齒)로 딱딱한 껍질과 고기를 찢는다. 날쌘 대형 육식동물도 겁내지 않아, 자신보다 5배나 무거운 하이에나를 공격하기도 한다. 서식 지역에 따라서는 장기간 부부관계를 유지한다. 세력권 주변에 사냥구역(Hunting area)이 있어 공동으로 사냥해서 먹이를 나눈다.

촬영지 | 케냐(나쿠루 호수 국립공원)
촬영자 | Anup Shah

인도에서 사냥하기

황금자칼의 아종인 인도자칼이 인도 회색늑대에게 죽임을 당한 인디아영양 수컷의 시체 앞에 있다. 하이에나, 코요테와 마찬가지로 황금자칼도 자연계의 청소부다. 지역에 따라 동물의 시체는 귀중한 식량이 되기도 하지만 의존도는 그다지 높지 않다. 인도에서 조사한 바에 따르면, 먹이의 60퍼센트 이상이 설치류와 조류, 과일이다. 영어로 블랙벅(black buck)이라 불리는 인디아영양은 사슴을 닮은 소과의 영양(antelope)이다.

보호구역으로 지정된 촬영지(블랙벅 국립공원)에서는 쉽게 볼 수 있는 장면이다. 공원엔 습지와 강, 늪 등이 있고 식물도 풍부해, 늑대 외에도 줄무늬하이에나와 정글고양이 등 다양한 동물이 살아간다.

촬영지 | 인도(구자라트Gujarat 주, 벨라바다르 블랙벅velavadar blackbuck 국립공원)
촬영자 | Dominic Robinson

모두가 즐겁게 스킨십 하기

상 | 탄자니아 북부에 있는 자연보호지역 응고롱고로는 야생동물의 보고라 불리는 세렝게티 국립공원에 인접해 있다. 풍요로운 자연환경 속에서 새끼 황금자칼(아프리카황금늑대) 4마리가 독립했다. 세렝게티의 황금자칼은 연 1회 번식한다. 즉 건기가 끝나는 10월에 교미해서 먹을 것이 풍부한 12~1월의 우기에 새끼를 낳는다. 임신기간은 60~63일이며 1~9마리를 낳지만 평균 2~4마리가 태어난다. 세렝게티에서는 평균 2마리가 태어난다. 어미는 출산 후 3주 동안 줄곧 새끼와 지낸다. 수유 중인 암컷에게는 수컷 짝이나 연년생으로 먼저 태어난 새끼들이 먹이를 날라준다. 수유는 8주 이상 계속되는데, 약 1개월이 지나면 뱉어주는 반고형물도 먹을 수 있다.

촬영지 | 탄자니아(웅고롱고로Ngorongoro 보호지역)
촬영자 | Anup Shah

하 | 아프리카의 황금자칼(아프리카황금늑대)은 생후 2개월부터 시작해서 4개월이 되면 고형물을 먹을 수 있다. 생후 2개월 반이 되면 굴에서 나오고, 강아지가 장난치듯이 형제들끼리 논다. 3~4개월이 되면 부모와 같은 털색으로 바뀐다. 이 무렵 어미에게서 반독립해서, 굴에서 약 50미터 범위 내에서 놀고 야외에서 잠을 자기도 한다. 성장하면서 놀이가 점차 격렬해지고, 6개월 정도 지나면 형제 사이에도 서열이 정해진다.

촬영지 | 탄자니아(웅고롱고로 보호지역)
촬영자 | Anup Shah

상 | 펜치 강이 남북을 가로지르는 펜치 국립공원은 인도 중앙에 있는 벵골 호랑이 보호구역이다. 사라쌍수(沙羅雙樹)와 하얀 쿨루나무(kulu trees), 대나무 등 변화무쌍한 식물이 가득한 풍요로운 숲이다. 인도 황금자칼의 번식은 2〜3월에 이루어진다. 교배기간은 26〜28일, 임신기간은 약 63일이며 먹을 것이 풍부한 시기에 출산한다. 평균 4마리의 새끼가 태어나 생후 8〜11일이 되면 눈을 뜨고 10〜13일이 되면 귀가 선다. 생후 11일이 되면 치아가 나오기 시작해 5개월이 되면 어른의 치아가 된다. 갓 태어났을 때의 체모는 밝은 회색에서 갈색이며, 1개월이 지나면 검은 반점이 있는 불그스름한 털로 바뀐다. 생후 4개월이 되면 몸무게가 약 3킬로그램이 된다.

촬영지 | 인도(마디아 프라데시Madhya Pradesh 주. 펜치 국립공원)
촬영자 | Mary McDonald

하 | 세렝게티 주변의 황금자칼(아프리카황금늑대)은 사회성이 좋고 부부 사이도 오랫동안 유지되므로 가족끼리 협력해서 사냥하고 세력권을 지키면서 사냥감을 무리 내에서 나눈다. 사진에 나오는 새끼들처럼 서로 털 손질(grooming)을 해주고 유대관계를 강화하는 것은 어른인 황금자칼에게서도 흔히 볼 수 있는 행동이다.

촬영지 | 탄자니아(응고롱고로 보호지역)
촬영자 | Anup Shah

황금자칼의 털 색깔은 지역과 계절
에 따라 다른데, 이름에서 짐작되듯
이 모래 같은 황금색부터 옅은 노란
색, 밝은 갈색까지 다양하다. 우기에
는 갈색을 띤 노란색이 되고, 건기에
는 밝은 황금색이 되는 식으로 계절
에 따라 변화하는 유형도 있다. 날씬
한 체형에 얼굴 생김새도 날카로운
인상을 주며 큰 귀가 뾰족하게 서 있
다. 캉캉 하고 울거나 짖기도 하는데,
멀리서 짖는 소리로 서로의 위치를
확인하기도 한다.

촬영지 | 루마니아
촬영자 | Martin Steenhaut, Buiten-bleed

아시아에서 중동, 동유럽까지 확산

갯과 개속 동물 중 이름에 '자칼'이 붙은 것은 3종인데, 그중 가장 넓은 지역에 분포된 것이 황금자칼이다. 중동의 아라비아반도, 동유럽의 오스트리아와 불가리아, 남아시아의 인도와 스리랑카, 동남아시아의 태국과 미얀마까지 퍼져 있다. 한때 아프리카 북서부의 세네갈과 모로코에도 황금자칼이 서식한다고 알려졌지만, 2015년 유전자 분석 결과 '아프리카황금늑대(84쪽)'로 밝혀졌다. 따라서 아프리카에는 황금자칼이 서식하지 않는다.

나머지 2종, 즉 검은등자칼과 가로무늬자칼(Canis adustus)이 아프리카에만 서식하는 데 반해, 황금자칼은 아프리카를 제외한 광범위한 지역에 분포한 것은 환경 적응력 때문이다. 탁 트인 초원이든 숲이든 사막이든 가리지 않고, 저지대부터 해발 1,000미터에 이르기까지 어디든 살 수 있다. 인간이 살고 있는 환경에도 쉽게 적응해서, 밤에만 나타나기는 하지만 도시와 농촌에 모습을 드러낸다.

자칼의 특징 중 하나는 늑대에 비해 몸집이 작다는 것이다. 황금자칼은 회색늑대의 가장 작은 아종인 아라비아늑대보다도 작다. 한편 황금자칼은 검은등자칼이나 가로무늬자칼보다 유전적으로 회색늑대나 코요테에 가깝다. 따라서 '자칼', '늑대'라는 이름만으로 선을 긋기는 어렵다.

황금자칼은 약 2만 년 전부터 인도를 기원으로 세계 각지로 서식지를 확대해 갔다. 자칼은 인도의 민간전승에도 등장하고 힌두교 신의 사자로도 묘사되지만, 유럽에서의 여우처럼 교활한 동물로 여겨진다. 예를 들어 자칼이 친구인 늑대, 호랑이, 쥐를 이간시켜서 먹이를 독차지한다는 동화도 있다. 또 이른 아침 여행을 떠날 때 자칼이 짖는 소리를 들으면 행운이 도망간다는 전설도 있다. 아마도 자칼이 염소와 양을 비롯한 가축을 습격하거나 포도와 사탕수수 등 작물을 망치는 습성이 있기 때문일 것이다.

DATA

한국명	황금자칼
영어명	Golden Jackal
학명	Cants aureus
보존상태	멸종위기등급(IUCN) - 관심 필요종(LC)
몸무게	7~15kg
몸길이	60~106cm
어깨높이	38~50cm
꼬리길이	20~30cm

| 황금자칼의 분포

Eurasia
Caspian sea
Mediterranean sea
INDIA
Indian ocean
Atlantic ocean
The African contient

■ 아프리카에 서식하는 황금자칼은 신종 '아프리카황금늑대'로 판명
■ 멸종지역

※2015년 아프리카에 서식하는 황금자칼은 신종 늑대인 아프리카황금늑대로 밝혀졌다. 하지만 국제자연보호연맹(IUCN)의 분포도에는 아직도 황금자칼이라 표기되어 있다.

승냥이

승냥이(Cuon alpinus)는 구소련의 알타이 산맥과 해발 4,000미터가 넘는 티베트 고원, 인도와 태국의 밀림, 중앙아시아의 스텝(건조한 초원지대)까지 다양한 환경에 적응하며 살아왔다. 현재 인도의 보호지역에서는 흔히 볼 수 있지만, 그 외의 지역에서는 희소한 개체가 되었으며 멸종된 지역도 있다. 과거의 분포 지역에 비해 불과 40퍼센트만 남아 있다. 삼림 벌채와 사냥, 전염병의 영향도 있지만, 과거 구소련에서 독이 든 미끼를 살포한 것이 개체수 급감의 원인 중 하나다. 국제자연보호연맹(IUCN)은 4,500∼10,500마리가 남아 있다고 주장하지만, 야생의 개체수는 이미 2,500마리 이하로 감소했다고 한다.

촬영자 | Jeffrey Jackson

상 | 크기는 인도늑대 정도다. 늑대에 비하면 어깨높이가 낮고 꼬리도 짧다. 굵고 짧으며 펑퍼짐한 코가 특징이며, 귀는 약간 짧고 귀 끝이 둥글다. 구소련을 비롯한 북방의 아종은 남방의 아종보다 덩치가 2배 정도 크다. 털 색깔도 서식지에 따라 차이가 있다. 사진에서 보듯이 북방에서는 겨울이 오면 털이 길고 풍성하면서 부드러워진다. 털색은 선명한 적갈색이다. 여름의 털은 짧고 숱이 적으며 색깔이 약간 칙칙해진다. 복부 등 아래쪽과 다리 안쪽은 희다.

촬영자 | John Daniels

하 | 인도의 나무 그늘 아래에서 느긋하게 기지개를 펴고 있다. 한껏 구부러진 꼬리를 살펴보자. 꼬리 끝으로 갈수록 색이 검어지는 것이 승냥이의 특징 중 하나다. 목소리에도 특징이 있다. 휘파람 소리처럼 휘~ 하는 소리를 비롯해 놀라울 정도로 다채로운 울음소리를 낸다. 때로는 고양이와 비슷한 소리를 내기도 하고, 날카로운 소리나 콧소리도 낸다. 단 집개처럼 짖지는 않는다. 휘파람 같은 울음소리는 무리를 모을 때 주로 사용한다.

촬영지 | 인도(마디아 프라데시 주, 반다브가르 국립공원)   촬영자 | Tony Heald

타도바(Tadoba) 국립공원과 인접한 안다리(Andhari) 야생동물 보호구역은 호랑이 보호구역으로 지정되어 있어서 승냥이들에게도 안식처가 되고 있다. 이글거리는 대지를 활보하는 붉은 털의 승냥이. 붉은늑대라는 별명이 이해가 될 만큼 털빛이 당당해 보인다. 이들의 생활양식은 리카온과 매우 비슷하다. 집단생활을 하고 협동해서 사냥을 하며 무리의 어른이 새끼들을 공동으로 양육한다. 보통 5~12마리로 구성된 무리는 자신들의 세력권을 가진다. 20마리가 넘는 경우는 드물지만, 때론 40마리가 하나의 무리를 이루는 경우도 있다. 일반적으로는 한 가족 단위로 무리를 짓는다. 사냥할 때는 새끼들을 돌보는 헬퍼를 제외하고 모든 어른이 참여한다. 무리의 구성원은 적극적이고 긴밀하게 협력하고 힘을 합쳐 사냥을 성공시키는 것을 목표로 한다.

촬영지 | 인도(마하라슈트라Maharashtra 주, 호랑이 보호구역)
촬영자 | Jagdeep Rajput

겉모습 때문에
'붉은늑대'라고 불린 승냥이

호랑이도 물리치는 뛰어난 팀워크

―

티베트 고원, 인도의 밀림, 중앙아시아의 스텝(건조한 초원) 등 아시아의 다양한 환경에서 서식하는 승냥이는 '잔인한 살인자'라는 별명을 가지고 있다. 이들은 무리를 지어 사냥하는데, 산토끼를 비롯한 소형 포유류부터 사슴 같은 대형 포유류까지 먹잇감은 다양하다. 덤불 속이든 물속이든 어디라도 끈질기게 쫓아가서 복부처럼 부드러운 부위를 물어뜯어 일단 먹잇감을 움직이지 못하게 만든다.

작은 먹이를 잡으면 물어뜯은 상태로 머리를 마구 흔들어 숨통을 끊어버린다. 그런 다음 즉시 먹기 시작한다. 그런데 사슴처럼 큰 먹이를 사냥할 때는 사슴의 뿔에 반격을 당하지 않도록 먼저 코와 얼굴을 물어뜯어서 짓누른다. 즉시 먹이의 복부를 덮쳐서 먹이가 살아 있는 상태에서 창자를 꺼내 숨통을 끊는다. 그리고 1분도 안 걸려 먹이의 몸통을 갈기갈기 찢어서 단 몇 분 만에 다 먹어 치운다(116쪽 이후의 리카온과 사냥법이 같다). 특히 심장, 간, 옆구리살, 안구, 태아는 가장 먼저 먹어치운다. 먹는 속도를 경쟁하듯이 허겁지겁 먹어치

운다. 1마리가 1시간에 4킬로그램이나 되는 고기를 먹을 수 있다고 한다. 먹이를 얻기 위해서라면 다른 대형 육식동물에게도 물러서는 법이 없다. 무리의 팀워크를 발휘해서 호랑이나 치타도 쫓아버린다.

공격적이고 사나운 성격이지만 서로 협력하고 사회성이 강하다. 그리고 이런 힘은 육아에도 발휘된다. 5마리에서 수십 마리 규모의 무리가 공동 육아를 하는데, 암컷이 새끼를 출산하면 다른 어른 승냥이들도 음식을 토해내서 새끼에게 먹인다. 출산 후 2~3개월 동안 사냥하러 나갈 수 없는 암컷에게도 같은 방법으로 먹이를 제공한다. 직접 육아를 하지 않더라도, 외부의 적에 맞서 감시 업무를 한다. 승냥이는 대부분의 갯과 동물과 달리 좌우 어금니가 1개씩 적고, 코가 펑퍼짐한 것이 특징이다. 육식을 하는 데 적합하도록 적응한 결과일 것이다. 그들은 무시무시한 사냥꾼이지만, 생태계의 균형을 맞추고 사슴의 개체수가 늘어나 숲이 황폐화되는 것을 막는 역할을 한다.

승냥이의 주요 먹이는 중형 유제류(발굽이 있는 포유동물)로, 인도에서는 특히 액시스사슴을 주로 잡아먹는다. 그 외 야생 베리 등의 과일, 식물, 곤충, 도마뱀, 설치류, 산토끼까지 먹이가 다양하다.
사진에서 보듯이 자기 몸의 거의 10배가 되는 사나운 멧돼지를 덮칠 뿐만 아니라 가우르(인도들소), 물소를 비롯해 1톤이 넘는 대형 초식동물인 곰도 공격한다. 먹이를 놓고 호랑이나 표범을 만났을 때도 무리가 팀워

크를 발휘해서 먹이를 빼앗기도 한다. 그렇지만 먹이를 놓고 동료들과 다투는 일은 없다. 수영 실력이 뛰어나서 종종 사슴을 물속에 몰아넣어 잡기도 한다.

촬영지 | 인도(마디아프라데시 주, 펜치 국립공원)
촬영자 | Nick Garbutt

갓 태어났을 때의 검은 갈색을 벗고, 거의 어른과 비슷한 털빛을 갖춘 승냥이 새끼들이다. 암컷은 출산하기 전에 보금자리를 만든다. 직접 굴을 파기도 하지만 바위틈이나 동굴, 움푹 팬 땅을 이용하거나 호저가 쓰던 굴을 재활용하기도 한다.

인도의 승냥이는 교미시기가 9〜11월, 임신기간은 60〜63일이다. 1〜2월경에 출산하는데 평균 4〜5마리, 최대 9〜10마리의 새끼를 낳는다. 생후 70〜80일에 굴에서 나온다. 생후 약 2개월이 되면 이유를 시작하는데 고기를 먹게 되는 것도 이 무렵이다. 어른 승냥이들은 먹은 고기를 토해내서 어미와 새끼들에게 준다. 생후 7〜8개월이 되면 사냥에 참여하고 1년이 되면 성 성숙이 된다. 무리 내 어른들은 적어도 생후 6개월까지 토해낸 고기를 주면서 새끼를 돌봐주고 경호를 해준다. 사냥을 다녀오면 가장 먼저 새끼들에게 먹이를 먹인다.

촬영자 | ZSSD

| 승냥이의 분포

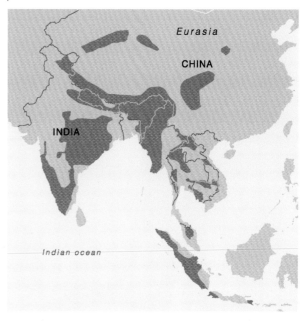

DATA

한국명	승냥이
영어명	Dhole / Asiatic Wild Dog / Indian Wild Dog / Red Dog / Red Wolf
학명	Cuon alpinus
보존상태	멸종위기등급(IUCN) – 멸종 위기종(EN)
몸무게	수컷 5〜20kg, 암컷 10〜17kg
몸길이	80〜113cm
어깨높이	42〜55cm
꼬리길이	40〜50cm

리카온

좌 | 입가를 누르며 인사 나누기

무리 생활에서 좋은 관계를 유지하기 위해서는 일상적인 의사 전달과 신체적 언어가 필수다. 사진처럼 상대의 입가를 코로 누르는 행동은 갯과 동물에게서 흔히 관찰되는 몸짓이다. 특히 새끼가 어른에게 먹이를 조르는 경우에 많이 한다. 리카온들은 어른끼리도 이런 행동을 하는데, 의례적으로 인사를 나누는 모습이라 짐작된다. 무리 내 곳곳에서 어른 리카온들이 코를 맞대고 인사하거나 서로를 핥아주면서 마찰을 완화시키고 있다. 마치 어린 새끼처럼 행동하면서 공격 충동을 자제하는 것이다. 고도의 사회성과 발달된 의사 전달 능력을 증명하는 행동들이다.

촬영지 | 남아프리카(콰줄루나탈KwaZulu-Natal 주, 음쿠제Mkuze)
촬영자 | Bence Mate

우 | 인간 사회보다 이상적인 세계

새끼 두 마리가 장난을 치고 있다. 크고 둥근 귀가 특징이다. 리카온은 늑대처럼 무리 생활을 하고 동료끼리의 유대감이 매우 강하다. 특히 새끼들은 무리가 함께 소중히 양육한다. 무리의 어른들은 자신이 먹은 것을 토해내서 새끼들에게 먹인다. 새끼들이 성장해서 사냥에 동행하게 되는 경우, 현장에서 사냥한 먹이를 가장 먼저 먹는 것은 리더도 다른 어른도 아닌 새끼들이다. 새끼들은 독립이 가능한 생후 약 14개월까지 계속 보살핌을 받는다. 사냥하는 동안 어린 새끼를 돌보는 어른이나, 부상이나 질병으로 사냥할 수 없는 동료들에게도 먹을 것을 가져다준다. 휴식 시간에 어른과 새끼들이 즐겁게 노는 모습을 보면, 그들의 세계가 인간 사회를 뛰어넘는 이상적인 세계가 아닐까 하는 생각마저 든다.

촬영지 | 남아프리카(콰줄루나탈 주, 음쿠제)   촬영자 | Bence Mate

평등하게 서로 돕고
모두를 배려하는
민주적 시스템

아프리카에 서식하는 리카온은 '아프리카들개'라고도 불리는데, 몇 마리에서 수십 마리의 무리가 집단으로 사냥한다. 이들의 뛰어난 팀워크에 대해서는 122쪽에서 상세하게 언급하겠지만 이들이 서로 협력해서 중요한 목적을 달성할 수 있는 것은 일상생활에서의 원활한 의사 전달 능력 때문일 것이다.

리카온은 일상에서 서로 코를 맞대고 인사하고, 평소 서로 핥아주거나 짖는 보디랭귀지를 이용해 중요한 의사를 전달한다. 잠을 잘 때도 다정하게 함께 붙어서 잔다.

무엇보다 놀라운 것은 그들이 가진 민주적인 시스템이다. 그들은 사냥을 나서기 전에 찬반의 의사 표시로 재채기를 이용한다. 재채

평등하게 서로 돕고
모두를 배려하는
민주적 시스템

기는 찬성의 표시인데 그 횟수가 많을수록 사냥에 나설 가능성이 높다. 사냥을 마치고 돌아온 개체는 고기를 토해내서 사냥에 나가지 않은 암컷과 새끼에게 건네준다. 리카온이 사냥하는 모습은 지켜보기 힘들 정도로 잔혹하고 끔찍하다. 그렇지만 그런 행동의 이면에는 자신의 가족이나 집단을 지키겠다는 강한 유대관계가 작용하고 있는 것이다.

좌 | 12센티미터가 넘는 크고 둥근 귀는 의사 전달에 사용되며, 체온 조절 역할도 한다. 얼굴 중 코부터 눈까지는 검으며, 코가 약간 짧고 단단하기 때문에 언뜻 하이에나와 비슷해 보인다. 하지만 자세히 보면 훨씬 날씬하고 자세나 얼굴 생김새도 늠름하다. 먹이를 오랜 시간 추격해야 하므로 다리가 가늘고 길다. 누런색에서 옅은 갈색의 털에 흰색과 검은색이 얼룩무늬로 섞여 있다. 다소 화려한 겉모습 때문에 '채색한 개'라는 뜻의 학명을 가지게 되었다. 개체에 따라 외관이 많이 다르며 드물게 단일 흑색, 단일 주황색인 경우도 있다. 갓 태어난 새끼는 흑백의 얼룩무늬를 갖고 있다.

촬영지 | 보츠와나Botswana(리니안티Linyanti 보호구역)
촬영자 | Shem Compion

우 | 리카온은 귀가 크고 둥글다는 것 외에 꼬리 끝이 하얀 것도 특징이다. 꼬리의 가운데 부분이 검고, 뿌리 부분은 리카온의 몸 색깔처럼 오렌지색부터 연한 갈색까지 조금씩 다르다. 체형은 하이에나보다 승냥이에 가까운 편이다. 체취가 상당히 강하고 독특한데 태어난 첫날부터 냄새를 발산한다. 암컷은 수컷보다 약간 작다. 암컷의 몸길이는 85~139센티미터, 꼬리길이는 31~37센티미터, 몸무게는 18~27킬로그램, 수컷의 몸길이는 93~141센티미터, 꼬리길이는 32~42센티미터, 몸무게는 21~35킬로그램 정도이다.

촬영지 | 남아프리카(콰줄루나탈 주, 탄다Thanda 사파리)
촬영자 | Marleen Bos

상 | 약한 모습의 리카온

리카온 무리가 벌꿀오소리를 덮쳤다. 아프리카 육식동물 중 최고의 사냥 성공률 80퍼센트를 자랑하며 사자를 죽이기까지 하는 리카온이지만 강렬한 냄새 때문인지 머뭇거리고 있다. 반면 벌꿀오소리는 전혀 두려운 기색이 없다. '세상에서 가장 겁 없는 동물'로 기네스북에 오른 벌꿀오소리는 사자도 피한다고 한다. 등 쪽의 두꺼운 피부가 피하지방으로 보호되고 있어 목을 깨무는 포식자를 역으로 공격할 수 있기 때문이다.

촬영지 | 보츠와나(북부)
촬영자 | Suzi Eszterhas

하 | 강한 모습의 리카온

리카온 한 마리가 사막혹멧돼지의 코끝을 물어뜯자, 무리의 동료들이 배를 공격하려고 몰려들고 있다. 리카온은 완전한 육식동물로 신선한 고기를 좋아한다. 코요테나 자칼처럼 썩은 고기는 절대 먹지 않는다. 먹이를 산 채로 잡아먹기 때문에 잔인한 동물이라 생각할 수도 있지만 그저 식성일 뿐이다.

촬영지 | 보츠와나(북부)
촬영자 | Suzi Eszterhas

상 | 추격하는 리카온

표범이 필사적으로 도망치고 있다. 그 뒤를 리카온 한 마리가 놀라운 속도로 쫓아간다. 리카온 혼자서는 표범과 대적할 수 없기 때문에 무리들이 뒤를 따르고 있다. 리카온은 고양잇과 동물과 달리 특정 세력권을 갖지 않으므로 항상 이동하면서 먹이를 찾는다. 넓은 서식지가 필요하기 때문에 다른 육식동물과 충돌하는 경우가 많다.

촬영지 | 짐바브웨
　　　(황게이Hwange 국립공원)
촬영자 | Eric Baccega

하 | 도망가는 표범

막다른 궁지에 몰린 표범이 필사적으로 나무에 매달려 피하고 있고 아래에서 리카온이 물끄러미 지켜보고 있다. 이후 리카온 무리의 후발 팀까지 도착하자 표범은 있는 힘을 다해 나무 위로 더 높이 올라갔다.

촬영지 | 짐바브웨(황게이 국립공원)
촬영자 | Eric Baccega

시속 50km로
5km를 달리는
장거리 스프린터

리카온이 사냥하는 모습은 놀라울 정도다. 우선 표적으로 정한 사냥감을 무리에서 떼어 놓은 다음, 수십 마리의 무리가 줄지어 전속력으로 추격한다. 맨 앞에 선 리카온은 먹이를 오로지 직선으로 추격하는데, 이때 사냥감이 방향 전환을 하면 뒤이어 추격하는 두 번째 리카온이 대각선으로 최단거리를 직진해 앞지른다. 마침내 무리 중 하나가 사냥감의 다리와 꼬리를 물어뜯고 나머지 무리들이 한꺼번에 달려들어 사냥감이 살아 있는 채로 배를 찢어 내장을 꺼내 먹는다.

이런 식의 사냥이 가능한 것은 리카온의 의사 전달 능력뿐 아니라 신체 능력이 탁월하기 때문이다. 리카온은 5킬로미터 정도의 거리라면 시속 약 50킬로미터의 속도를 유지하면서 달릴 수 있다. 또한 짧

고 튼튼한 콧등으로 누르면서 날카로운 열육치로 물어뜯어, 상대방의 도망가려는 노력을 헛수고로 만들고 확실하게 숨통을 끊어 버린다.

리카온 무리는 자신들의 사냥 방법을 다음 세대에 계승하는 습성이 있다고 한다. 아무리 리카온 무리가 강해도 큰 얼룩말을 사냥하기는 어려울 텐데, 대대로 얼룩말 사냥에 성공하는 모습이 관측되기 때문이다. 인간을 제외하고, 후천적으로 획득한 기술이 무리 내에서 전해지는 것은 거의 보기 드문 경우다. 리카온의 지능이 예상 외로 높다는 사실을 짐작할 수 있다.

상 │ 검은 얼룩무늬 모양이 선명한 개체가 강을 빠른 속도로 건너고 있다. 리카온은 사바나 환경을 좋아해서 초원이나 반사막 지역에 서식하며 정글에서는 살지 않는다. 한때는 산악지대에도 자주 나타났으며 킬리만자로 산의 해발 5,000미터 지대에서 발견되었다는 기록도 남아 있다.

촬영지 │ 남아프리카(말라말라MalaMala 야생동물 보호구역)
촬영자 │ Christophe Courteau

좌 │ 강가에서 어린 개체가 달리면서 놀고 있다. 어린데도 리카온답게 역동적인 움직임을 보여준다. 먹이를 찾아 헤맬 때는 보통 시속 약 10킬로미터의 종종걸음으로 다니지만 먹이를 발견하면 최고 시속 66킬로미터의 속도로 추격한다. 행동권은 400∼600제곱킬로미터로 넓다.

촬영지 │ 보츠와나(리니안티 보호구역 콴도라군Kwando Lagoon)
촬영자 │ Shem Compion

사자도 잡는 리카온 vs. 지상 최대의 코끼리

리카온은 코끼리나 사자를 노리기도 한다. 수십 마리의 리카온 무리가 새끼 코끼리를 노리는 모습을 촬영한 동영상에는 3마리의 코끼리가 등장한다. 어미와 새끼, 또 한 마리의 코끼리로 이루어진 무리에서 새끼 코끼리를 떼어놓으려고 천천히 거리를 좁히고 있다. 낌새를 알아챈 어미 코끼리가 리카온을 쫓아내기 위해 코를 흔들면서 트럼펫 같은 소리를 낸다. 몸집이 작은 리카온은 일단 물러나는 척한다. 그러다가 코끼리들이 다시 전진하면 리카온도 살금살금 다시 다가간다. 그리고 다시 쫓겨난다. 동영상에는 이런 행동이 반복된다. 결국 코끼리가 다른 무리와 합류하자 포기할 수밖에 없다. 리카온은 솟과인 누(Connochaetes)를 덮치기도 하는데, 이런 대형동물 사냥 성공률이 80퍼센트나 된다고 한다. 사냥에 성공한 치타의 먹이를 빼앗는 경우도 있다. 리카온의 용맹함은 무리 생활 속에서도 드러나는데, 특히 육아를 둘러싼 싸움에서 그렇다.

수컷 리카온은 태어난 무리에 머물러 있지만, 암컷은 다른 무리에서 이동해 온다. 이렇게 암컷과 수컷이 합쳐져 여러 개체로 이루어진 무리가 완성되는데, 그중에서 번식할 수 있는 암컷은 무리 중에서 가장 우위에 있는 한 마리뿐이다. 두 번째 우위에 있는 암컷이 출산하는 경우도 있는데, 이런 경우 두 암컷이 새끼 리카온을 둘러싸고 격렬한 싸움을 벌인다. 암컷끼리 새끼를 서로 잡아당기다가 새끼가 죽어 버리는 경우도 종종 있다고 한다.

리카온은 강한 사냥꾼으로 무서울 것이 없어 보이는데도 IUCN의 레드 리스트에서 '멸종 위기종(EN)'으로 지정되어 있다. 원인 중 하나는 서식지의 감소다. 리카온은 먹이를 찾아 광대한 영역을 돌아다니며 생활하는데 인구 증가와 환경 파괴에 따라 생존이 어려워진 것이다. 또 가축을 습격한다는 이유로 인간에 의해 제거되어 왔으며, 집개로부터 광견병과 개홍역 등 전염병이 옮아 괴멸하는 경우가 많은 것도 원인 중 하나다. 현재 살아남은 리카온의 개체수는 7,000마리 이하로 추정된다.

상 | 새끼를 10마리 낳는 리카온에게 천적은 인간뿐!

사냥에서 돌아온 어미 리카온이 주위를 경계하면서 새끼들에게 젖을 먹이고 있다. 1년 내내 출산하는 모습을 볼 수 있는데 먹이가 많은 우기의 후반이 피크다. 임신기간은 60~80일이며, 보통 7~10마리(최고 기록은 21마리)를 낳는다. 갓 태어난 새끼는 약 400그램이며 3주 만에 눈을 뜬다. 약 10~12주 후에 이유를 시작한다. 새끼는 생후 반년이 지나면 사냥에 참여하고 14개월 만에 어른 수준의 능력을 발휘한다.

촬영지 | 보츠와나   촬영자 | Jami Tarris

좌 | 코끼리 따위는 두렵지 않아

리카온 무리가 거대한 아프리카 코끼리와 대치하고 있다. 무리가 함께 있는 한, 그들에게 인간 이외의 적은 없다. 무리의 유대가 강하기 때문에 자신들보다 훨씬 큰 먹이도 함께 공격해 잡을 수 있기 때문이다. 보통은 50킬로그램 정도의 영양을 잡지만, 때로는 200킬로그램에 달하는 아프리카물소를 덮치기도 한다.

촬영지 | 짐바브웨(마나풀스Mana Pools)   촬영자 | Tony Heald

DATA

한국명	리카온
영어명	African Wild Dog
학명	Lycaon pictus
보존상태	멸종위기등급(IUCN) – 멸종 위기종(EN)
몸무게	17~36kg
몸길이	76~112cm
어깨높이	61~78cm
꼬리길이	30~41cm

| 리카온의 분포

검 은 등 자 칼

서식지는 아프리카 동부와 남부로 분리되어 있다. 사진은 어두워지기 시작하는 남부 보츠와나의 대지를 걸어가는 검은등자칼 암컷이다. 가는 몸에 긴 다리, 큰 삼각형의 귀를 갖고 있는 검은등자칼은 외형상 수컷과 암컷의 차이가 거의 없다. 다만 남부에 서식하는 암컷은 수컷보다 작고 몸무게는 1킬로그램 정도 가볍다. 이름 그대로 등이 검은 털로 덮여 있다. 어깨에서 허리까지 걸쳐 있는 검은 털에는 은빛의 흰색 털이 많이 섞여 있다. 머리부터 몸통, 다리에 걸쳐 적갈색에서 황갈색을 띤 체모와의 경계가 분명하다. 목, 가슴, 복부는 밝아서 모래색에서 흰색으로 덮여 있다. 탐스럽게 긴 꼬리는 끝이 검다.

촬영지 | 보츠와나
촬영자 | Klein & Hubert

사실은
숲이 제일 좋아

아프리카의 고대문명이 번창했던 마푼구베는 세계
유산으로 등록되어 있을 뿐만 아니라 야생동물이 보
호되는 국립공원이다. 여름철 탁 트인 지대에서는
검은등자칼의 아름다운 표정을 볼 수 있다. 굴에서
느긋하게 새끼를 키우기 시작하는 계절이다. 직접
굴을 파기도 하지만, 흰개미의 개미무덤이나 땅돼지
가 버린 굴을 재활용하거나 벌어진 바위틈을 이용하
기도 한다. 일부일처제로 부부간 결속이 매우 강하
다. 장기간에 걸쳐 협동해서 사냥하고, 먹이를 공평
하게 분배하며, 부부와 가족이 함께 육아를 한다.

촬영지 | 남아프리카(마푼구베Mapungubwe 국립공원)
촬영자 | Neil Aldridge

상 | 덩굴 사이를 걷는 자칼

선명한 노란색 남가새 덩굴 사이를 가로질러 걷고 있는 검은등자칼. 뭔가 먹이 냄새를 맡고 있는 듯하다. 서식지는 도시의 교외부터 사막까지 다양하지만, 기본적으로는 덩굴이 많은 숲을 좋아한다. 서식지가 겹치는 황금자칼이 초원에서 눈에 띄는데 반해, 검은등자칼은 트인 숲에서, 가로줄무늬자칼은 빽빽한 숲에서 적절히 나뉘어서 살아간다. 활동 시간대도 환경에 따라 다르다. 인간이 사는 지역에서는 야행성, 국립공원 같은 보호지역에서는 주행성이다. 농업지역에 서식하는 자칼은 인간에게 박해받는 경향이 있다.

촬영지 | 나미비아(에토샤Etosha 국립공원)   촬영자 | Tony Heald

하 | 해변에 서 있는 자칼

케이프크로스는 세계 최대의 물개 서식지로 유명하다. 국립공원으로 보호되고 있는 이곳 해안 일대는 10월 중순이면 10만에서 20만 마리의 물개들이 번식을 위해 모여든다. 물개 무리 곁에 검은등자칼이 알 수 없는 표정으로 서 있다. 당연히 물개를 노리고 있는 것이다. 검은등자칼은 환경 적응력이 좋아 서식지에 따라 식성도 바꾼다. 잡식성이긴 하지만 배설물을 분석해 본 결과, 보츠와나에 서식하는 개체에서는 곤충이 50퍼센트 이상, 남아프리카 개체에서는 포유류가 3분의 2 이상 나왔다. 이곳에서는 물개의 시체나 새끼를 비롯해서 바다새와 어류, 조개류 등 해양 생물을 주식으로 한다.

촬영지 | 나미비아(케이프크로스Cape Cross 자연보호구역)   촬영자 | Chris Stenger

최고의 사회성을 보이는 현명한 자칼

자칼을 대표하는 것은 세계 각지에 널리 분포된 황금자칼이다. 하지만 사회성이나 영리함으로 보면, 아프리카대륙의 남부와 동부에 서식하는 검은등자칼이 압권이다. 100쪽에서 소개한 '헬퍼'(성숙한 후에도 무리와 지내면서 동생들의 육아를 돌봐주는 개체)의 존재가 두드러지는 것이 검은등자칼이다. 헬퍼가 없는 쌍은 평균 1마리의 새끼만 키우지만, 헬퍼 1마리가 있으면 3마리의 새끼를 키울 수 있다. 헬퍼가 1마리 늘어날 때마다 가족의 번식은 1.7마리 증가한다는 연구 결과도 있는데, 이는 황금자칼에 비해 높다.

검은등자칼의 사회성은 다양한 장면에서 관찰된다. 함께 사냥하고 먹이를 공유한다. 게다가 부부가 오랫동안 관계를 유지하고, 자신들의 세력권도 오랜 기간 한 장소를 유지한다. 부부가 서로 털을 손질해주는 등 우호적인 관계를 지속하지만, 부부가 아닌 개체에겐 호전적 태도를 취한다.

참고로 남아프리카의 드라켄즈버그 산맥에서 관찰된 검은등자칼의 사회는 4종류의 멤버로 구성되어 있다. 즉 세력권을 유지하는 부부, 그들의 새끼, 성 성숙하지 않은 헬퍼, 그리고 세력권과 관계없이 방랑하는 개체다. 멤버의 비율은 대략 부부가 25퍼센트, 태어난 지 1년 미만인 새끼가 25%, 나머지 50퍼센트는 번식하지 않는 어른이다.

사회성이 높다는 것은 의사 전달에 사용하는 목소리의 종류가 많다는 사실로도 알 수 있다. 신음소리, 처량하게 우는 소리, 으르렁거리는 소리, 짖는 소리, 비명을 지르는 듯한 소리 등이 각각 다르다. 예를 들어 서로 연락을 주고받을 때 '캉캉'하며 비명을 지르는 듯한 소리를 내는데, 장면이나 상황에 따라 구분해서 사용하고 있음을 알 수 있다.

이들은 잡식성으로 온갖 것들을 먹는다. 사자나 표범이 먹다 남긴 고기도 먹는다. 기본적으로는 해뜨기 전이나 해진 뒤 어스름한 시간대에 활동하는 박명성(薄明性) 동물인데, 인간이 사는 지역에서는 야행성의 특징을 보인다. 경우에 따라서는 주행성이 되기도 하는 유연성이 특징이다.

헬퍼 역할을 하는 형제자매

생후 6주가 된 새끼들이 어미에게 먹이를 조르고 있다. 이 무렵부터 생후 8주까지 이유를 하기 때문에 슬슬 토해낸 고기를 탐낼 무렵이다. 새끼가 자신의 코끝을 어미의 코끝에 맞대는 것은 고기를 조르거나, 어미의 냄새를 맡으며 부모를 확인하는 행위다. 검은등자칼의 전형적인 가족 구성은 부모와 새끼, 새끼의 육아를 돕는 전년도에 태어난 형제자매들이다. '헬퍼'라고 불리며 육아 역할을 계속하다가 독립한다.

어미의 임신기간은 60일로, 8~9월에 약 4마리에서 최대 9마리의 새끼를 낳는다. 생후 약 6개월 만에 사냥을 할 수 있게 되고 11개월이 되면 성 성숙이 이루어진다.

촬영지 | 케냐(마사이마라Masai Mara 국립보호구역)
촬영자 | Suzi Eszterhas

뛰어난 의사 전달 능력

기분 좋게 기지개를 켜고 있는 검은등자칼. 검은색
등과 갈색 몸통이 확연히 구분된다. 검은등자칼은
의사 전달용으로 다양한 울음소리를 낸다. 서로 연
락을 주고받을 때 사용하는 '캉캉' 하는 짖는 소리도
그중 하나다. 으르렁거리고, 개처럼 '멍멍' 짖기도 하
고, 늑대나 코요테처럼 울부짖기도 한다. 다양한 상
황에 맞춰 구분해서 사용한다. 자칼의 무리 중 가장
발달된 의사 전달 능력을 보여준다.

촬영지 | 케냐(솔리오랜치|Solio Ranch)
촬영자 | Tui DeRoy

| 검은등자칼의 분포

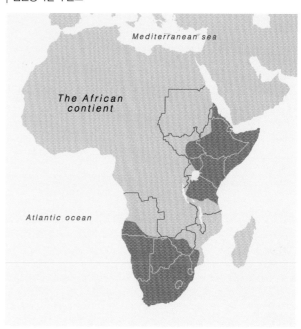

DATA

한국명	검은등자칼
영어명	Black-Backed Jackal / Silver-Backed Jackal
학명	Canis mesomelas
보존상태	멸종위기등급(IUCN) - 관심 필요종(LC)
몸무게	6~13.5kg
몸길이	68~74.5cm
어깨높이	38~48cm
꼬리길이	26~40cm

가로줄무늬자칼

가족끼리만 통하는 울음소리를 사용

'자칼'이라는 이름의 갯과 동물 3종 중 마지막으로 가로줄무늬자칼을 소개한다. 이름에서 짐작할 수 있듯이 옆구리에 수평 방향으로 흑백의 줄무늬가 있다. 다른 자칼에 비해 귀가 짧고 코끝은 땅딸막해서 늑대와 비슷한 모습이다. 아프리카 대륙의 중남부에 서식한다. 주요 서식 지역 중 하나인 동아프리카에서는 검은등자칼과 서식지가 겹치지만, 자칼 3종이 생활하는 환경은 조금씩 다르다. 황금자칼과 검은등자칼이 탁 트인 지대에서 서식하는 반면, 가로줄무늬자칼은 습하면서 식물이 빽빽하게 자라는 곳을 좋아한다. 상대적으로 관측하기가 힘들어 다른 2종만큼 생태에 대해서 알려져 있지 않다.

가로줄무늬자칼은 다른 자칼에 비해 육식을 하는 빈도가 적다. 더 잡식성이라 할 수 있다. 환경과 계절에 따라 먹이가 달라져 동물의 시체, 곤충, 과일, 식물, 새, 설치류, 파충류를 모두 먹는다. 사육시설에서는 바나나와 쌀도 먹는다. 죽은 가축은 먹지만 살아 있는 가축을 죽이지는 않는다. 사냥은 단독으로 하거나, 부부가 함께 또는 새끼를 동반한 가족 단위로도 이루어진다. 다른 자칼처럼 공동 육아를 하고, 상황에 따라 사냥 스타일을 바꾸기도 한다. 가로줄무늬자칼은 자신의 가족만 인식할 수 있는 특정 울음소리를 갖고 있다고 하는데, 이는 가족 간의 유대가 강하다는 반증이다.

가로줄무늬자칼은 검은등자칼과 근연 관계에 있었는데, 유전자 분석 결과로 봐서는 적어도 200만 년 전에 두 개체가 분기했다. 그 후 한쪽은 등이 검은색으로 변하고, 한쪽은 옆구리를 따라 엉덩이까지 줄무늬가 들어간 모양으로 변했다. 왜 그렇게 달라졌는지에 대해서는 아직까지 밝혀진 바가 없다.

좌 | 몸을 가로지르는 흑백 라인

마사이어로 '끝없는 평원'을 뜻하는 세렝게티는 탄자니아 북서부에 위치한다. 이곳에 솟아있는 바위 언덕 카피(kopje)에 가로줄무늬자칼이 늠름하게 서 있다. 이들은 한 쌍이나 무리가 함께 있는 모습보다 혼자 있는 모습이 눈에 띈다. 전체적으로 몸집이 작다. 귀는 작고 둥글며 다리도 짧다. 머리는 폭이 좁지만 콧등은 비교적 넓다. 자칼 특유의 갈색 계열이지만 전체적으로는 회색에 가깝다. 몸의 옆구리를 가로지르는 흰 줄무늬가 가장 큰 특징이다. 바로 아래쪽에 검은 줄무늬가 있어 흰 무늬가 더욱 돋보인다. 다른 자칼만큼 자주 울지는 않지만 가족끼리만 알아듣는 특별한 울음소리를 낸다.

촬영지 | 탄자니아(세렝게티 국립공원)   촬영자 | Mary McDonald

우 | 물가와 습지가 좋아

오카방고 델타는 보츠와나의 칼라하리 사막에 있는 세계 최대의 내륙 삼각주 습지대다. 이곳의 동쪽에 있는 모레미는 아프리카에서 가장 아름다운 야생동물 보호구역이다. 물가와 습지를 좋아하는 가로줄무늬자칼 모자가 늪지대 근처의 덤불에서 쉬고 있다. 아프리카 남부에 속하는 보츠와나에서는 가로줄무늬자칼의 번식기가 6~7월이다. 임신기간은 8~10주이며 보통 3~4마리, 최대 7마리의 새끼를 낳는다. 그러나 헬퍼가 없는 자칼은 대부분 1마리의 새끼만 키울 수 있다. 과연 이 어미의 새끼는 몇 마리나 살아남았을까.

촬영지 | 보츠와나(오카방고 델타, 모레미Moremi 야생동물 보호구역)
촬영자 | Richard Du Toit

| 가로줄무늬자칼의 분포

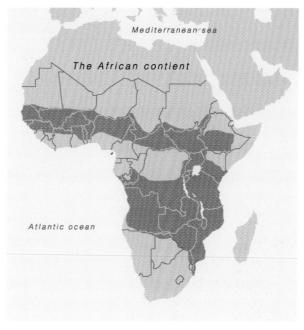

DATA

한국명	가로줄무늬자칼
영어명	Side—Striped Jackal
학명	Canis adustus
보존상태	멸종위기등급(IUCN) – 관심 필요종(LC)
몸무게	6.5~14kg
몸길이	65~81cm
어깨높이	41~50cm
꼬리길이	30~41cm

남아메리카의 야생 개

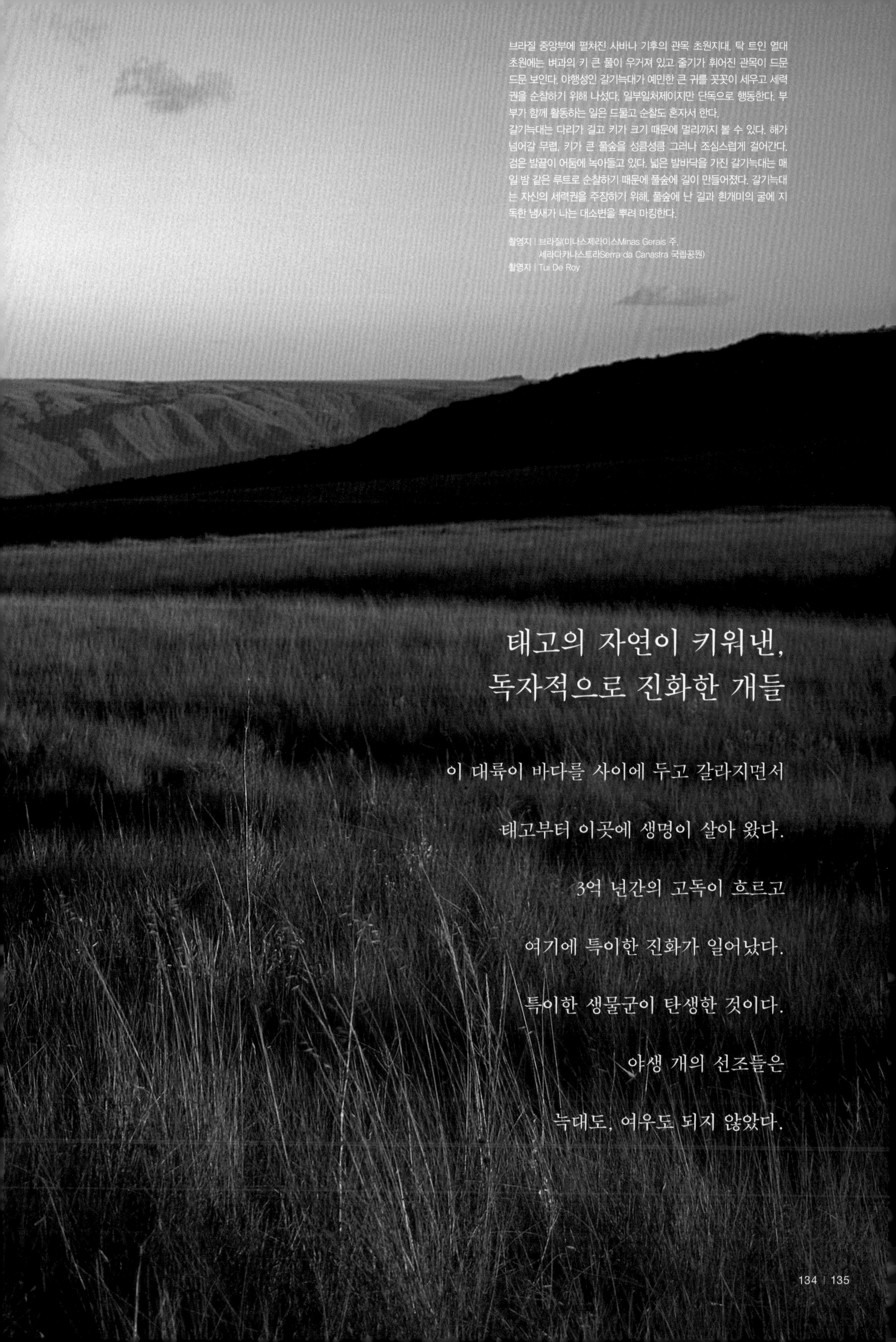

브라질 중앙부에 펼쳐진 사바나 기후의 관목 초원지대. 탁 트인 열대 초원에는 벼과의 키 큰 풀이 우거져 있고 줄기가 휘어진 관목이 드문드문 보인다. 야행성인 갈기늑대가 예민한 큰 귀를 꼿꼿이 세우고 세력권을 순찰하기 위해 나섰다. 일부일처제이지만 단독으로 행동한다. 부부가 함께 활동하는 일은 드물고 순찰도 혼자서 한다.
갈기늑대는 다리가 길고 키가 크기 때문에 멀리까지 볼 수 있다. 해가 넘어갈 무렵, 키가 큰 풀숲을 성큼성큼 그러나 조심스럽게 걸어간다. 검은 발끝이 어둠에 녹아들고 있다. 넓은 발바닥을 가진 갈기늑대는 매일 밤 같은 루트로 순찰하기 때문에 풀숲에 길이 만들어졌다. 갈기늑대는 자신의 세력권을 주장하기 위해, 풀숲에 난 길과 흰개미의 굴에 지독한 냄새가 나는 대소변을 뿌려 마킹한다.

촬영지 | 브라질(미나스제라이스Minas Gerais 주,
         세라다카나스트라Serra da Canastra 국립공원)
촬영자 | Tui De Roy

태고의 자연이 키워낸,
독자적으로 진화한 개들

이 대륙이 바다를 사이에 두고 갈라지면서

태고부터 이곳에 생명이 살아 왔다.

3억 년간의 고독이 흐르고

여기에 특이한 진화가 일어났다.

특이한 생물군이 탄생한 것이다.

야생 개의 선조들은

늑대도, 여우도 되지 않았다.

갈기늑대

세계에서 가장 아름다운
다리를 가진 야생 개

주위를 경계하면서 걱정스러운 표정으로 걸어가는 남아메리카에서 제일 큰 야생 개. 검은 스타킹을 신은 듯한 다리가 길고 멋지다. 당연히 어깨의 위치도 높다. 늑대란 이름이 붙었지만, 외모부터 털빛까지 붉은여우를 닮았다. 그런데 진화 계통으로 보면 어느 쪽 그룹에도 속하지 않는다. 1속 1종인 희귀한 동물이다.

길고 아름다운 적갈색 털이 특징인데, 늑대와 붉은여우뿐 아니라 어떤 갯과 동물보다 촉감이 부드럽다. 다만 열대지방에 살기 때문에 솜털은 없다. 꼬리는 약간 짧고 꼬리 끝이 흰 개체도 눈에 띈다. 전체 중 꼬리 끝이 흰 개체는 44퍼센트 정도이고, 흰색 부분의 길이도 개체마다 차이가 있다. 135쪽의 사진처럼 정면에서 봐도 늑대(4쪽)나 붉은여우(186쪽)에 비해 호리호리하고 말쑥하다. 갈기늑대의 다리에는 3가지 특징이 있다. 길이가 길고, 발끝이 검으며, 발바닥이 넓다는 것. 발끝과 마찬가지로 발바닥 패드(paw pad, 흔히 젤리라고 부른다—역주)도 검은데, 한가운데 있는 2개의 패드는 뿌리 부분이 붙어 있어 발바닥을 넓게 펼칠 수 있다. 땅과 접촉하는 발바닥 면적이 넓으므로, 키 큰 풀숲의 축축한 땅에서도 안정적으로 걷고 달릴 수 있다.

촬영지 | 브라질(피아우이Piaui 주)　촬영자 | Sean Crane

높이 점프해서
먹이를 낚아챈다

흥분하면 곤두서는
검은 갈기털

갈기늑대의 큰 귀는 작은 동물이 내는 소리에 민감하게 반응한다. 슬그머니 다가가 다리를 쭉 뻗어, 풀숲에 있는 설치류의 둥지를 급습한다. 작은 먹이를 덮칠 때 갯과 동물이 보여주는 독특한 모습이다. 앞발을 구부려 몸에 바짝 붙이고 귀는 앞쪽으로 기울인다. 그런데 갯과 동물끼리도 차이는 있다.

붉은여우나 자칼은 몸을 아치형으로 구부리고 꼬리를 꼿꼿이 세우는(187쪽) 반면, 갈기늑대는 긴 다리 때문인지 몸을 쭉 펴고 꼬리를 늘어뜨린다. 이때 꼬리 대신 이름의 유래가 된 암갈색 갈기가 곤두서는 것이 특징. 사냥감의 목과 척추 사이, 급소를 물어뜯어 숨통을 끊어버린다.

잡식성으로 쥐, 아르마딜로, 새, 도마뱀, 양서류, 달팽이, 곤충 등 상황에 따라 무엇이든 먹지만, 좋아하는 먹이는 파카(paca)라는 대형 설치류다. 갈기늑대의 배설물을 조사했더니 과일이 절반 이상을 차지했는데 특히 로베이라(Lobeira) 열매가 가장 많았다고 한다. 로베이라는 '늑대의 열매'라 불리는데 특유의 쓴맛 때문에 갈기늑대만 먹는다. 로베이라가 신장에 기생하는 신충(腎蟲)을 제거해주기 때문일 것이라 짐작된다. 그래서인지 사육시설에서 고기만 먹는 갈기늑대에게는 신장과 방광의 결석이 자주 생긴다고 한다.

촬영지 | 브라질(미나스제라이스 주, 세라다카나스트라Serra da Canastra 국립공원)
촬영자 | Tui De Roy

늑대와도 여우와도 다른

언뜻 보면 여우와 비슷하고, 살짝 고
개를 들면 늑대로 보이기도 하지만,
삼각형의 큰 귀는 늑대나 붉은여우
보다 훨씬 커서 꼿꼿이 세우면 17센
티미터나 된다. 큰 귀와 튀어나온 검
은색의 코, 그리고 목의 초승달 무늬
가 얼굴의 특징이다. 큰 귀는 의사
전달을 할 때도 사용한다. 귀를 세우
는 것은 동종의 동물에게 자신이 우
위임을 알리는 행위다. 반대로 귀를
늘어뜨리는 것은 복종과 두려움을
나타낸다. 귀의 성능도 뛰어나고 청
각도 예리하다.

촬영지 | 브라질(판타나우Pantanal)
촬영자 | Frans Lanting

야생에서와 사육시설에서의 행동이 다르다

대형 갈기늑대는 브라질과 그 인접국 볼리비아, 파라과이, 아르헨티나 등에 서식하는 남아메리카 대륙의 대표적인 갯과 동물이다. '늑대'라고는 부르지만, 외모와 생태는 붉은여우(184쪽)를 닮았다. 하지만 진화 계통을 보면 늑대와도 여우와도 다르다. 무엇보다 사지가 길어서 '갯과 동물계의 모델'이라 할 정도로 늘씬하다. 빨리 달리기 위해 적응한 결과라고도 볼 수 있지만 실제로는 그다지 빠른 편이 아니다. 키 큰 풀이 우거진 초원에서 시야를 확보하기 위해서라는 것이 훨씬 자연스럽다.

갈기늑대는 기본적으로 단독으로 행동한다. 일부일처제를 유지하지만 번식기 이외에는 함께 지내지 않는다. 평소엔 부부가 각각 30킬로미터의 인접한 세력권을 유지하며 개별적으로 지낸다. 큰 키와 긴 다리를 유지하는 데 많은 에너지가 필요하다는 것을 감안하면 이 또한 개체 단위로 충분한 식량을 확보하기 위한 적응이라 할 수 있다. 다만 사육시설에서는 암컷의 출산 후 수컷이 새끼를 돌봐주기도 한다. 먹이를 토해내서 새끼에게 주거나 털을 손질해준다. 야생 상태에서의 모습은 관찰된 사례가 없어 정확히 알 수 없지만, 평소 단독으로 행동한다는 사실과 사육시설에서의 모습으로 유추해 보건대 수컷이 육아에 더 중요한 역할을 할 가능성도 있다.

단독으로 사냥을 하며 주로 설치류와 토끼, 아르마딜로 등 몸집이 작은 동물을 먹이로 한다. 사냥을 할 때 천천히 다가가서 갑자기 덮치는 방법은 붉은여우와 비슷하다. 닭을 비롯한 가축을 습격하기 때문에 지역에 따라 제거 대상이 되기도 하고, 갈기늑대의 고기에 약효 성분이 있다는 얘기가 있어 일부 지역에서는 질병 치료를 위해 포획하기도 한다. 이 아름다운 동물을 죽이는 데에 따른 죄책감을 덜기 위해서 그런 얘기를 만들지 않았을까.

최근 관목과 초원이 농지로 개발됨으로써 이들의 서식지가 감소되고 교통사고가 증가하면서 개체수가 감소하고 있다. 그들에겐 인간이 최고로 위협적인 존재라는 사실만은 확실한 것 같다.

산책 중인 갈기늑대의 모자. 새끼는 털 빛깔이 연하고 갈기가 나지 않았다. 다리에 검은 양말을 신은 모습이 확실하게 보이기는 하지만 아직 어려서인지 다리는 짧다. 생후 몇 개월 지나면 다리가 쑥 길어진다. 생후 약 4개월부터 이유를 시작하고, 새끼는 약 1년 동안 부모의 보살핌을 받으며 어미의 세력권에 머물러 있다. 생후 1년이 되면 성 성숙이 이루어지는데 번식을 하는 것은 생후 2년 이후다.

촬영자 | Terry Whittaker

귀가 서기 시작할 무렵, 작은 탐험을 시작한다

생후 34일의 어린 새끼다. 몸은 까맣고 꼬리 끝은 하얗다. 생후 8~9
일이 되면 눈을 뜨는데, 눈이 초롱초롱하다. 아직은 귀가 처져 있지만
생후 1개월쯤이 되면 귀가 서기 때문에 지금도 조금씩 서고 있는 중일
것이다. 호기심 가득한 표정을 지으며 주변을 탐색 중이다. 앞으로 한
달만 있으면 체모는 연한 적갈색으로 변한다. 임신기간은 62~66일이
며, 6~9월에 1~5마리의 새끼를 낳는다. 최대 7마리까지 낳는다고 한
다. 키 큰 풀이나 수풀이 우거진 곳처럼 몸을 숨길 수 있는 장소에 새
끼를 낳을 보금자리를 만든다.

촬영지 | 브라질   촬영자 | Tui De Roy

| 갈기늑대의 분포

DATA

한국명	갈기늑대
영어명	Maned Wolf
학명	Chrysocyon brachyurus
보존상태	멸종위기등급(IUCN) – 위기 근접종(NT)
몸무게	20~23kg
몸길이	100~132cm
어깨높이	72~90cm
꼬리길이	30~45cm

부시 도그

닥스훈트(사냥개의 일종–역주)에 아기 곰의 얼굴을 씌운 듯한 모습이다. 도저히 갯과라고 생각할 수 없는 외모이지만, 덤불(buch)이나 숲속의 잡초 사이를 빠져나가기에는 최적의 조건을 갖췄다. 그래서 부시 도그, 혹은 덤불 개라 불린다. 털은 거칠고 갈색에서 암갈색을 띠는데, 머리와 몸덜미의 색은 약간 밝다. 다리와 꼬리는 거의 검은색이다. 짝이나 가족과 있을 때면 '삐삐' 하며 높고 날카로운 소리를 낸다. 시야가 나쁜 서식지에서 여른 개체끼리 의사소통을 하기 위해서다.

촬영자 | Anthony Wallbank

가장 원시적인 개는 닥스훈트를 닮았다

—

현재 남아 있는 갯과 동물 중에서 가장 원시적인 형태는 남아메리카 대륙의 북부 절반에 널리 분포하고 있는 부시 도그다. 다른 부위에 비해 몸통이 길고 다리가 짧은 닥스훈트 같은 외형에 둥글고 작은 귀와 짧은 코가 독특하다. 외형뿐 아니라 행동도 특이하다. 수서(水棲)동물로 착각할 정도로 수영과 잠수에 능하고 발에 물갈퀴가 있다. 먹이가 물속으로 도망가면 물속까지 쫓아가서 잡는다. 자신보다 몸집이 큰 설치류인 파카, 카피바라 등을 잡아먹는다. 사냥할 때는 무리를 지어 역할을 분담한다. 사냥감을 물속으로 몰아넣은 다음 물속으로 들어가 추격하는 공격조, 먹이가 물 밖으로 나오는 것을 막기 위한 감시조로 나뉘는 것이다. 이렇게 협력하는 습관 때문인지, 부시 도그는 어린 시절부터 싸우지 않고 사이좋게 먹이를 나눠 먹는다. 참고로 육식을 좋아해서 소형 포유류나 조류를 좋아한다. 땅 위에서도 상당히 기민하게 움직인다. 놀라운 것은 뒤로

달려도 앞으로 달릴 때와 같은 속도를 낸다는 점이다. 낮에는 보금자리에서 생활하는 경우가 많은데, 적의 공격을 받으면 방향을 바꾸지 않고 바로 도망가기 위해 적응한 것이라고 한다. 더 놀라운 것은 마킹할 때의 자세다. 거꾸로 서서 소변을 본다. 수컷뿐만 아니라 출산을 경험한 암컷들은 앞발로 땅을 짚고 물구나무 선 채로 나무에 마킹을 한다.

이처럼 외모도 행동도 독특하지만, 물가 숲에서 야간에 활동하므로 야생에서 확인되는 경우가 드물다. 야생에서 눈에 띄지 않게 된 것은 1990년대 중반부터라고 한다. 1970년대까지는 산림 파괴가 심한 지역을 제외하고는 안정적으로 서식하는 것이 확인되었다. 하지만 1980년대에 들어 인구가 증가하고 삼림 벌채가 진행되면서 개체수가 현저하게 감소하기 시작했다. 21세기에 들어서도 개체수 감소는 계속되어, 12년 동안 20~25퍼센트 정도 감소한 것으로 추정된다.

DATA

한국명	부시 도그
영어명	Bush Dog
학명	Speothos venaticus
보존상태	멸종위기등급(IUCN) – 위기 근접종(NT)
몸무게	5~7kg
몸길이	57~75cm
어깨높이	약 30cm
꼬리길이	12~15cm

상 | 어미를 애타게 부르는 새끼들

어미를 부르는 부시 도그 새끼들의 모습이다. 여우와 달리 새끼끼리 먹이를 놓고 다투지 않고 사이좋게 나눠 먹는다. 무리지어 사냥하는 갯과 동물의 특징이라 할 수 있는데, 임신기간은 65~83일이고 보통 3~6마리의 새끼를 낳는다. 짝인 수컷은 수유하는 암컷에게 먹이를 가져다준다. 생후 4주가 되면 이유를 하고, 1년 만에 성 성숙이 이루어진다.

촬영자 | G. Lacz

하 | 수달처럼 물갈퀴로 수영하는 부시 도그

발가락 사이에 물갈퀴가 있어 수달처럼 수영하고 잠수도 할 수 있다. 그래서 물가에 가까운 숲 주변이나 저지대의 습기 많은 삼림을 선호한다. 야행성이라서 낮 시간에는 나무 구멍이나 아르마딜로가 버린 굴에서 숨어 지낸다.

촬영자 | Daniel Heuclin

작은귀개

밀림 깊은 곳에 숨어 사는
작은 귀의 원시 개

부시 도그와 비슷해서 몸통이 길고 다리가 짧다. 귀는 둥글고 작지만, 얼굴 형태는 코가 긴 갯과에 가깝다. 귀의 길이가 3.4~5.6센티미터로 갯과 중 가장 짧고 치아는 길고 굵다. 식물은 소량 섭취하고 주로 사슴, 페커리(peccary, 돼지의 일종—역주), 쥐, 게, 곤충 등을 다양하게 먹는다. 페루에서 조사한 바에 따르면 먹이 중 물고기가 약 30퍼센트를 차지해서, 반(半) 수서생활을 한다는 설을 뒷받침한다.

촬영지 | 페루(아마존 열대우림 지역인 탐보파타Tambopata 강 유역)

체모가 상당히 부드러우며 등은 회색빛이 도는 흑갈색, 복부는 적갈색이 섞인 다양한 회색이다. 등의 중심에서 꼬리에 걸쳐 짙은 띠의 형태가 보인다. 다리와 꼬리의 색깔은 검고, 여우처럼 꼬리의 털이 풍성하다.

촬영자 | TOM McHUGH

작은귀개는 아마존강 상류, 해발 1,000미터 이하 열대 우림에 서식한다. 이름 그대로 귀가 작은 것이 특징이다. 고양이처럼 살금살금 걷고, 체모가 짧고 부드러우며, 다리에는 물갈퀴 같은 것이 있다. 이러한 특징을 이용해, 밀림 속에서 먹이에게 살며시 접근해 포획하는 습성이 있다. 물에 들어가 생활하는 시간도 길 것으로 추측된다. 하지만 작은귀개는 좀처럼 눈에 띄지 않아 야생의 생태는 거의 알려져 있지 않다. 다만 미국 동물원에서 사육한 사례가 있다. 이에 따르면 수컷은 인간을 쉽게 따르기 때문에 친숙해지면 함께 놀고 싶어 하는 반면, 암컷은 모든 인간에게 적의를 보이며 으르렁거린다고 한다.

일반적으로 극지방에서 적도 지역으로 갈수록 신체의 말단이 커지는 경향이 있다. 신체의 말단이 크면 라디에이터 역할을 해서 열을 쉽게 발산할 수 있기 때문이다. 아프리카 사막에 서식하는 페넥여우가 큰 귀를 가진 것도 그 때문이다. 그런 점에서, 기온이 높은 남아메리카에 서식하는 작은귀개의 귀가 작은 이유를 설명하기는 어렵다. 평원에서 빨리 달릴 수 있도록 진화하기 이전, 밀림에서 살아가던 원시 개가 이런 모습이 아니었을까.

| 작은귀개의 분포

DATA

한국명	작은귀개
영어명	Small-Eared Dog / Small-Eared Zorro
학명	Atelocynus microtis
보존상태	멸종위기등급(IUCN) - 위기 근접종(NT)
몸무게	약 9kg
몸길이	72~100cm
어깨높이	약 35cm
꼬리길이	25~35cm

게잡이여우

게를 좋아하는 짧은 다리의 여우

사바나와 그 주변의 건조한 숲부터 깊고 습한 삼림까지, 다양한 환경에 적응하며 살아간다. 다른 갯과 동물에 비해 다리가 짧고 튼튼한 것이 특징이다. 잡초가 무성한 숲속에서도 움직이기 쉽게 진화한 듯하다. '게'를 좋아해서 그런 이름이 붙었지만, 결코 미식가는 아니다. 무엇이든 먹는 잡식성 동물이다. 척추동물로는 들쥐부터 도마뱀, 개구리, 새까지 먹고 무척추동물로는 메뚜기를 비롯한 곤충과 달팽이도 먹는다. 또 채소와 과일, 동물의 시체, 인간의 분뇨, 이구아나와 거북의 알까

지 먹어치운다. 다만 계절에 따라 식성이 달라진다. 우기에는 주로 곤충과 과일을 먹고, 건기에는 저지대에서 각종 척추동물과 육지의 게를 중심으로 한 식생활을 즐긴다.

게잡이여우의 학명 Cerdocyon thous에서, 속명인 Cerdocyon (게잡이여우속)은 그리스어로 여우를 의미하는 kerdo와 개를 의미하는 cyon에서 유래했고, 종소명인 thous는 그리스어 자칼에서 유래한 것이라 한다.

저녁 무렵 브라질 판타나우의 저습(低濕)지대 사바나에서 먹이를 찾는 게잡이여우. 야행성이므로 낮에는 토굴에서 지내고 일몰부터 밤까지 먹이를 찾아 활동한다. 탁 트인 초원에서 단독으로 또는 가족 단위로 살며 부부가 세력권을 가진다. 1년 내내 임신이 가능하며 임신기간은 52~59일이다. 보통 3~6마리의 새끼를 낳는다. 생후 약 6주가 되면 부모와 함께 사냥에 나서지만, 생후 3개월까지 이유식과 젖을 먹다가 이후 젖을 뗀다. 생후 5~8개월이 되면 독립하고 9개월이 되면 성 성숙이 이루어진다.

촬영지 | 브라질(마투그로수Mato Grosso 주, 판타나우 카이만Caiman 자연보호 구역)
촬영자 | Tui De Roy

옆모습만 보면 자칼

밤중에 먹이를 찾는 게잡이여우. 다른 갯과 동물이나 여우에 비해 다리가 짧아 보이고, 옆모습만 보면 자칼이 연상된다. 몸 색깔은 회갈색이며 꼬리 끝과 아래턱, 귀 끝은 검다. 후두부에서 꼬리까지, 등의 정중앙선은 거무스름하고 복부는 희다.

촬영지 | 브라질(마투그로수 주, 판타나우)
촬영자 | Ben Cranke

| 게잡이여우의 분포

DATA

한국명	게잡이여우
영어명	Crab-Eating Fox
학명	Cerdocyon thous
보존상태	멸종위기등급(IUCN) – 관심 필요종(LC)
몸무게	6~8kg
몸길이	60~70cm
꼬리길이	30cm

호리여우

작고 겁이 많은
초원의 여우

체모가 짧고 코끝이 일반적인 여우
보다 짧은 것이 특징이다. 전체적으
로 회색 털에 황갈색 털이 섞여 있
다. 다리와 귀는 붉은색을 띠고 복부
는 옅은 크림색이다. 등의 정중앙을
따라서 꼬리 끝까지 띠처럼 검은 선
이 그려져 있다. 꼬리의 바깥쪽에는
검은 선이 있고, 꼬리샘 위에 검은
점이 있다.

촬영지 | 브라질
촬영자 | Laurent Geslin

몸길이는 60센티미터, 꼬리길이는 30센티미터 정도, 몸무게는 최대 4킬로그램에 불과한 작은 여우다. 브라질 중부를 중심으로 비교적 흔히 볼 수 있는 종인데, 이들의 생태에 대해서는 이제까지 조사가 거의 이루어지지 않았다.

캄포 로렐(Camphor laurel)이라는 나무가 듬성듬성 자라는 초원에 서식한다는 정도만 알려져 있다. 가금류를 습격한다는 이유로 제거 대상이 되었기 때문일지도 모른다. 20세기 후반에야 겨우 연구가 진행되었다. 그 결과 호리여우의 중요한 먹이가 흰개미라는 사실이 밝혀졌다. 조사된 배설물의 약 90퍼센트에 흰개미가 포함되어 있었다.

겁이 많아서 아르마딜로가 파놓은 굴을 은신처로 삼는다는 것은 이전부터 알려져 있었지만, 자신의 새끼를 지키기 위해서는 공격적인 모습을 보인다는 것도 새롭게 알려졌다. 호리여우의 'hoary'는 '백발'을 뜻하는데, 몸에 부분적으로 흰색 털이 있기 때문에 붙여진 이름이다. 꼬리의 윗면에는 검은 띠가 그어져 있다.

영어권이나 우리나라에서는 여우라고 부르지만 일본에서는 개라고 부른다는 것이 이채롭다.

암컷은 보통 8월에서 9월까지 2~4마리의 새끼를 낳는다. 출산할 때는 아르마딜로를 비롯한 다른 동물의 굴을 이용한다. 임신기간은 약 50일이며, 생후 약 4개월이 되면 이유를 한다.

촬영지 | 브라질   촬영자 | Colombini Medeiros, Fabio

DATA

한국명	호리여우
영어명	Hoary Fox / Small-Toothed Dog
학명	Lycalopex vetulus / Dusicyon vetulus
보존상태	멸종위기등급(IUCN) – 관심 필요종(LC)
몸무게	3.6~4.1kg
몸길이	58~64cm
꼬리길이	28~32cm

| 호리여우의 분포

다윈여우

다윈이 칠로에 섬에서 발견한 여우

영국의 지질학자 겸 생물학자 다윈은 진화론 탄생의 토대가 된 비글(Beagle) 호 탐사대의 일원으로 항해하던 중 칠레의 칠로에(Chiloé) 섬에 들렀는데, 그곳에서 발견한 여우라고 해서 이런 이름이 붙었다. 다윈이 섬에서 이 여우를 발견했을 때, 여우는 넋을 잃고 사람들을 쳐다보느라 다윈이 다가가는 것도 몰랐다고 한다. 그는 여우의 뒤편으로 가서 지질조사용 망치를 내리쳐 죽였다고 한다. 다윈은 여우를 죽이고 나서야 경계심이 적은 동물이라고 생각했던 것 같다. 그런 사실을 미리 알았다면 그런 잔인한 방법을 쓰지 않았을 것이다.

오랫동안 다윈여우의 서식처는 칠로에 섬에서 북쪽으로 약 600킬로미터 떨어진 본토 쪽에 있는 나우엘부타(Nahuelbuta) 국립공원 내 두 곳뿐이라고 알려져 왔다. 게다가 개체수도 적어서 IUCN 레드 리스트의 '심각한 위기종(CR)'에 속해 있었는데, 2013년경부터 이 두 곳 이외의 장소에도 서식하고 있음이 밝혀졌다. 지금까지 최대 250마리에 불과하다고 추정되었지만, 위의 두 곳에만 적어도 600마리가 서식하는 것으로 추정된다.

2016년부터 레드 리스트의 평가는 '심각한 위기종(CR)'에서 1단계 낮은 '멸종 위기종(EN)'이 되었다. 몸길이는 약 60센티미터에 불과하며, 다리도 짧고 몸집이 작아 귀여워 보이지만 가축을 습격하기도 하므로 인간의 제거 대상이 되는 경우가 많다.

상 | 잡식성이지만 작은 포유류를 좋아한다. 조류, 파충류,
가축의 시체도 먹는다. 나우엘부타 국립공원에 서식하
는 개체들은 칠레소나무의 종자도 좋아한다. 바위굴
등의 굴에서 출산하는데 2~3마리의 새끼를 낳는다.
10월에 수유 중인 암컷이 포획된 적이 있으며, 이유는
2월 무렵에 시작한다. 이 무렵이면, 수컷이 새끼의 털
을 손질해주는 일이 잦은 반면 암컷은 새끼를 제대로
돌보지 않는다.

촬영지 | 칠레(칠로에 섬)　　촬영자 | Kevin Schafer

좌 | 섬의 온대림을 걸어가는 다윈여우. 남아메리카여우속
은 남아메리카에만 6종이 서식하는데, 이름과 달리 분
류학적으로는 여우보다 개나 늑대에 가깝다. 다윈여우
는 칠레 고유종인데, 칠로에 섬에 서식하는 것은 주행
성이며 단독생활을 하고, 본토에 서식하는 것은 야행
성이며 짝을 이뤄 생활한다는 것이 관찰되었다. 짧은
다리에 땅딸막한 체형이며, 체모는 짙은 회색이다. 손
발과 귀에 불그스름한 부분이 있고, 배가 희고 턱밑에
는 흰 무늬가 있다. 꼬리는 짙은 회색이다.

촬영지 | 칠레(칠로에 섬)　　촬영자 | Kevin Schafer

| 다윈여우의 분포

DATA

한국명	다윈여우
영어명	Darwin's fox / Chiloé
학명	Lycalopex fulvipes / Dusicyon fulvipes
보존상태	멸종위기등급(IUCN) – 멸종 위기종(EN)
몸무게	수컷 1.9~4kg, 암컷 1.8~3.7kg
몸길이	수컷 48~59cm, 암컷 48~56cm
꼬리길이	수컷 20~26cm, 암컷 18~25cm

남 아 메 리 카

해변에서 3,000미터가 넘는 고지대까지
광범위하게 서식하는 안데스여우의 작은 친구들

회 색 여 우

파타고니아(patagonia)의 거칠고 험준한 산들을 배경으로, 황무지를 걸어가는 남아메리카회색여우. 원래 평지를 좋아하는 동물이지만 안전을 위해서 고산지대로 서식지를 넓혔다. 하지만 개체수가 급감함에 따라 고산지대에서도 잘 볼 수 없게 되었다. 촬영지인 토레스 델 파이네 국립 공원은 황량한 파타고니아의 절경을 보기 위해 매년 많은 관광객이 방문하는 곳으로, 유네스코에 의해 생물권 보존지역으로 지정되었다.

촬영지 | 칠레(토레스 델 파이네 Torres del Paine 국립공원)
촬영자 | Ben Hall

칠레와 아르헨티나 남쪽 지역이 원산지인 남아메리카회색여우는 저지대의 평원과 초원, 해안부터 해발 3,000미터가 넘는 높은 산에 이르기까지 다양한 환경에 적응하며 살아간다. 오랫동안 이들의 모피를 노리는 인간의 치열한 사냥에 노출되어, 그 수가 급감하면서 현재는 제한된 지역에서만 볼 수 있다.

앞에 소개했던 다윈여우는 최근 수십 년 사이에 개체수가 늘어나고 있는데, 이는 남아메리카회색여우의 수가 감소한 것과도 관계가 있을 것으로 추측된다. 다윈여우는 오랫동안 남아메리카회색여우의 아종으로 분류되어 왔지만, 유전학적 분석 결과에 따라 지금은 별도의 종으로 분류되고 있다.

주요 먹이는 설치류이며, 도마뱀과 조류도 잘 먹는다. 다만 계절에 따라 식생활이 변한다. 겨울에는 설치류를 적게 먹는 대신 무척추동물을 많이 먹는다고 한다. 1950년에는 현지의 토끼 개체수를 조절할 목적으로 이 여우들을 푸에고 제도(Tierra del Fuego)로 이주시켰는데, 이후 조사에서 토끼는 잘 먹지 않는다는 사실이 밝혀졌다. 더욱이 가축으로 키우는 양을 잡아먹는다는 이유로 이 여우를 제거해 왔지만, 조사 결과 양도 좋아하는 먹이가 아닌 것으로 판명되었다. 모피를 위해서, 그리고 다른 동물의 개체수를 조절하기 위해 이용되었고, 가축을 잡아먹는다는 오해까지 샀으니 인간에게 제대로 농락당한 셈이다.

따뜻하고 먹이가 풍부한 3월. 남아메리카회색여우가 초원을 종종걸음으로 걷고 있다. 남아메리카여우속 중에서도 체형이 작고 날씬하다. 머리 등 일부에 황갈색이 섞여 있지만 전체적으로는 이름 그대로 회색이다. 턱에 선명한 검은 점이 있고, 꼬리 윗면에 선이 들어가 있으며, 꼬리 끝 부분도 검다. 촬영지인 공원에서 관찰한 결과, 8월에 교미해서 10월에 4~6마리의 새끼를 낳았다. 수컷이 암컷에게 먹이를 날라다 주는 등 부부가 함께 육아를 하는데 종종 육아를 도와주는 헬퍼(번식을 하지 않는 암컷)의 도움을 받는다. 새끼들은 생후 5~6개월이 되면 독립하고, 성 성숙은 1년 정도 걸린다.

촬영지 | 칠레(토레스 델 파이네 국립공원)　촬영자 | Jose B. Ruiz

| 남아메리카회색여우의 분포

South America

Pacific ocean

CHILE

ARGENTINA

Atlantic ocean

DATA

한국명	남아메리카회색여우
영어명	South American Gray Fox / Chilla / Argentine Gray Fox / Chico Gray Fox
학명	Lycalopex griseus / Dusicyon griseus
보존상태	멸종위기등급(IUCN) - 관심 필요종(LC)
몸무게	2.5~4kg
몸길이	42~68cm
꼬리길이	30~36cm

파타고니아의 자연은 험난하다. 이
지역의 겨울 평균 최저기온은 영하
3도다. 대지와 함께 남아메리카회색
여우까지 얼려버릴 기세다. 겨울철
에 먹이를 찾아다니는 일은 고통스
럽다. 그들이 좋아하는 먹이는 설치
류를 비롯한 포유류이지만, 혹독한
겨울을 견디고 살아남기 위해서 먹
이의 3분의 1을 죽은 동물로 채운다.

촬영지 | 칠레(토레스 델 파이네 국립공원)
촬영자 | Simon Littlejohn

팜파스여우
사람을 보면 얼어붙는 여우

한낮 팜파스여우가 풀숲에서 쉬고 있다. 키 큰 풀이나 잡초가 우거진 곳에 직접 토굴을 파는데 나무 구멍, 바위틈, 자연 동굴을 비롯해서 아르마딜로가 사용하던 굴까지 빈 굴이 있으면 어디든 자신들의 보금자리로 만든다. 삼각형의 귀는 폭이 넓고 비교적 크다. 거의 전신에 짧은 털이 빽빽이 나 있어서 모피로서의 상품 가치가 높다. 체모는 균일하게 반점 형태의 회색으로 되어 있고, 등에서 꼬리에 걸쳐 띠가 이어져 있으며 꼬리 끝은 검다. 목과 배 쪽은 희다. 코 윗부분과 귀 뒤쪽, 다리 바깥쪽은 붉은데 북부에 서식하는 개체일수록 털색이 선명하다. 이들의 이름이자 서식지인 팜파스(Pampas)는 아르헨티나 중앙부의 초원지대를 말한다.

촬영지 | 칠레(토레스 델 파이네 국립공원)   촬영자 | Winftied Wisnteski

주변을 경계하면서 새끼에게 젖을 먹이는 어미 여우. 팜파스여우는 기본적으로 야행성이지만 낮에도 활동한다. 단독으로 살아가며 사냥도 혼자서 하는데, 단지 번식기에만 짝을 지어 행동하고 육아를 함께 한다. 갯과 중에서 잡식성이 가장 강한 개체로 알려져 있으며, 산토끼를 선호하지만 25퍼센트 정도는 과일을 비롯한 식물성 먹이로 충당한다. 암컷은 1년에 한 번만 발정해서 8~10월에 교미한다. 임신기간은 55~60일이며 평균 58일이다. 현지의 봄에 해당하는 9~12월에 1~8마리의 새끼를 낳는데 평균 3~5마리의 새끼를 낳는다. 새끼의 성장이 빨라서 2개월 만에 이유를 하고 부모와 함께 사냥에 나선다. 암컷은 1년 만에 성 성숙이 이루어진다.

촬영지 | 칠레

팜파스란 아르헨티나에서 우루과이에 걸쳐 있는 건조한 초원지대를 말한다. 팜파스여우는 이곳을 비롯해 사막과 구릉지, 때로는 해발 4,000미터의 고지대에 서식한다. 탐스러운 꼬리와 길쭉한 얼굴이 전형적인 여우의 모습이다. 여우라는 이름의 동물은 대부분 갯과의 '여우속'에 속하지만, 이들은 '남아메리카여우속'에 해당한다.

모피용으로 또는 가금류의 피해를 방지한다는 명목으로 대량으로 포획되어 제거되어 왔다. 최고 시속 60킬로미터로 달릴 수 있지만 말보다는 느리기 때문에 말을 탄 사람에게 쉽게 잡힌다.

사람과 악연이지만 왠지 사람을 경계하지 않는 동물로 알려졌다. 사람을 보면 꼼짝도 하지 않고, 잡혀도 도망가지 않는다고 한다. 사람을 경계하지 않는 것이 아니라 극심한 공포 때문에 꼼짝할 수 없는 현상, 즉 의사반사(擬死反射, 적의 공격을 피하려고 죽은 체하는 것)가 아닐까 추측된다. 기본적으로 야행성이지만 사람이 적은 곳에서는 낮에도 활동하는 경향을 보인다. 인간들의 수렵활동으로 개체수가 줄었지만 여전히 넓은 범위에 걸쳐 서식한다. 현재도 개체수가 많은 편이라 멸종 우려는 없다.

| 팜파스여우의 분포

DATA

한국명	팜파스여우
영어명	Pampas Fox
학명	Lycalopex gymnocercus / Dusicyon gymnocercus
보존상태	멸종위기등급(IUCN) – 관심 필요종(LC)
몸무게	4.8~6.5kg
몸길이	50~80cm
꼬리길이	33~35.6cm

약간 안쓰러운 표정을 짓고 있는 안데스여우. 위험을 감지하고 죽은 척하는 행동이 특징이다. 때로는 정말 의식을 잃기도 한다. 어쨌든 좀 이상한 동물이다. 낮은 덤불 속이나 바위틈에 보금자리를 만드는데 설치류가 버린 굴을 재활용하는 경우도 있다. **안데스 산맥**에서는 낙석 사이에 굴을 판다.

촬영지 | 에콰도르(안데스 산맥)
촬영자 | Murray Cooper

안데스여우

죽은 척하다가 정말로 기절하기도

남아메리카 대륙에 서식하는 갯과 동물 중 갈기늑대에 이어 두 번째로 큰 개체가 바로 안데스여우다. 대륙 서쪽의 태평양 연안 인근, 즉 북쪽으로는 에콰도르부터 남쪽으로는 칠레와 아르헨티나에 걸쳐 있는 파타고니아까지 널리 분포한다. 특히 숲과 평원이 모두 존재하는 안데스산맥 서쪽 경사면 지역이 안데스여우에게 이상적인 서식지다. 숲에서는 쉬고 평원에서는 먹이를 사냥할 수 있기 때문이다.

안데스여우는 눈앞에 나타나는 모든 먹이를 잡는데, 특히 선호하는 것은 설치류와 유럽산토끼 등의 포유류, 야생 베리류 등의 식물이다. 가축을 습격하는 일도 잦기 때문에 사람들에게 제거 대상으로 여겨진다. 다만 경계심이 크게 없는지, 사냥꾼에게 표적이 되어도 숨으려 애쓰지 않는다. 죽은 척할 때도 있지만 도망가는 것이 현명할 만한 상황에서도 달아나지 않기 때문에 '어리석다'고 볼 수도 있다.

그래서 칠레에서는 '미친 짓'이라는 뜻의 '쿨페오(culpeo)'라는 이름으로 불린다. 자연계에서는 퓨마의 먹잇감인데, 설마 퓨마 앞에서도 죽은 척하는 걸까. 정말 그런다면 확실히 '미친 짓'이다.

상 | 교미를 한 짝과 최대 5개월 동안 함께 살지만 번식기를 제외하면 단독으로 행동한다. 외모는 붉은여우와 비슷하지만 몸집이 더 커서 큰 수컷은 13킬로그램이 넘는다. 어깨에서 등에 걸쳐 회색 얼룩으로 되어 있고 솜털은 담갈색이다. 몸의 측면도 약간 검다. 머리, 목, 귀 뒤, 다리는 황갈색 또는 적갈색, 황토색으로 밝다. 덥수룩한 꼬리의 끝은 검다.

촬영지 | 아르헨티나   촬영자 | Roland Seitre

하 | 어미와 새끼 3마리가 큰 바위 아래의 굴에서 나온다. 발정기는 8~10월이며 임신기간은 55~60일이다. 10~12월에 3~8마리, 평균 5마리의 새끼를 낳는다. 수컷도 육아에 참여하여 먹이를 굴로 날라준다. 생후 2~3개월이 되면 부모와 함께 사냥에 나선다. 서식지인 파타고니아에는 1900년대 초부터 굴토끼(Oryctolagus cuniculus)와 숲멧토끼(Lepus europaeus)가 살고 있는데, 인간에게 해로운 동물로 여겨진다. 안데스여우와 남아메리카회색여우는 이 2종의 개체수를 조절하고 있는 셈이다.

촬영지 | 아르헨티나(파타고니아)
촬영자 | Yva Momatiuk and John Eastcott

| 안데스여우의 분포

DATA

한국명	안데스여우
영어명	Culpeo / Andean Fox
학명	Lycalopex culpaeus / Dusicyon culpaeus
보존상태	멸종위기등급(IUCN) − 관심 필요종(LC)
몸무게	4~13kg, 평균 7.35kg
몸길이	52~120cm
꼬리길이	30~51cm

페루사막여우

황무지에 서식하는
남아메리카여우속의 작은 여우

낮은 관목이 자라는 사막이나 모래언덕이 서식지다. 야행성이라 낮에는 땅굴에서 쉬거나 간혹 덤불에 숨어 있기도 한다. 세츄라 사막은 춥고 식량도 부족해, 겨울철 이곳의 먹이는 대부분 식물성 씨앗이지만 곤충, 설치류, 어류, 썩은 고기 등도 먹는다.

촬영지 | 페루(차파리Chaparri 자연보호구역)
촬영자 | Tui De Roy

먹이를 통해 수분 보충이 가능해 물 없이 장기간 생존할 수 있다. 북부 건조림 지대의 서식지에서 흐르는 강물을 맛있게 먹고 있는 페루사막여우. 몸은 옅은 회색 아구티(agouti)로 덮여 있고 솜털은 옅은 황갈색이다. 아구티란 털 하나하나가 색의 농담이 있는 줄무늬로 된 것을 뜻한다. 북부는 연한 흰색, 흰 가슴에 회색 띠가 수평으로 가로지른다. 10~11월에 새끼가 태어났다는 기록이 남아 있을 뿐, 번식에 대해 알려진 것이 없다.

촬영지 | 페루(차파리 자연보호구역)
촬영자 | Tui De Roy

남아메리카 대륙의 북서부에 해당하는, 에콰도르 남부에서 페루 북부의 연안 지역에만 서식한다. 이 지역의 세츄라(Sechura) 사막에서 처음 발견되어서 '세츄란여우(Sechuran fox)'라고도 한다. 남아메리카에 서식하는 남아메리카여우속 중에서 몸집이 가장 작다. 먹을 것이 부족한 사막에서 살아가기 위해 적응한 결과일 것이다. 바위나 식물에 남아 있는 수분만으로 살아갈 수 있는 것 또한 환경에 적응했기 때문이다.

페루사막여우는 대단한 잡식성이다. 도마뱀, 장수풍뎅이를 비롯해서 해안 쪽에서는 해초와 어류, 사막에서는 식물의 씨앗과 작은 새, 메뚜기, 쥐도 먹는다. 그 외 갈매기, 핀치(finch), 각종 바닷새와 알, 뱀, 게도 먹으며 바나나, 파파야, 망고 등 과일류도 먹는다. 이 또한 사막처럼 열악한 환경에서 살아가기 위함이다. 주변의 다른 여우들과 마찬가지로 인간들의 사냥에 시달리고 있다. 사냥의 표적이 된 이유는 가축을 습격했기 때문이기도 하지만, 이들의 신체 일부가 원주민들의 수가공품과 민간 의료 등에 사용되기 때문이다.

| 페루사막여우의 분포

DATA

한국명	페루사막여우
영어명	Sechura Fox / Sechuran Fox / Sechura Desert Fox
학명	Lycalopex sechurae / Dusicyon sechurae
보존상태	멸종위기등급(IUCN) − 위기 근접종(NT)
몸무게	평균 2.2kg
몸길이	약 50cm
꼬리길이	23cm

붉은여우의

일족들

우리에게 맡겨라,
　　늦대가 사라진 세계를

우리에게 맡겨라.

어쩔 수 없는 어둠을

늑대들의 울음소리가 사라진

가난하고 굶주린 세계를

우리는, 등불을

황금 문 옆에 걸어놓고

사막에 붉은 꽃을 피우지 않을 것이니.

아름다운 데이지꽃으로 넘실대는 초
원에 잠시 멈춰 서서 뒤에 있는 동료
를 돌아보는 큰귀여우. 신들의 정원
이라는 별명을 가진, 이곳 남아프리
카의 나마쿠아 국립공원에는 4천여
종의 야생화가 피어난다. 땅이 쩍쩍
갈라진 황무지 위로 비가 내리는 것
은 현지의 초봄에 해당하는 8~9월
뿐이다. 비가 오면 모든 꽃들이 피어
나, 단 며칠뿐이지만 황량했던 대지
에 화려한 주황색 융단이 깔린다.

촬영지 | 남부 아프리카
　　　(나마쿠아Namaqua 국립공원)

고대 개의 모습 그대로 살아남다
큰귀여우

큰 귀가 특징인 이 여우는 아프리카 남부와 동부의 키 작은 풀이 자라는 초원지대나 반사막 지역에 서식하며 흰개미와 쇠똥구리 등 곤충류를 먹고 살아간다. 페넥여우 다음으로 귀가 커서 길이가 12센티미터나 된다. 이들에겐 뛰어난 청력의 큰 귀가 최고의 무기다. 지면에 귀를 대서 땅속에서 곤충류가 내는 미세한 소리를 감지하면 재빨리 땅을 파서 먹이를 잡는다.

큰귀여우가 키 작은 초원을 선호하는 것은 주요 먹이인 흰개미와 쇠똥구리가 있기 때문이다. 흰개미는 초원에서 자라는 벼과의 어린 새싹 주위에 모이고, 쇠똥구리는 풀을 먹으러 다가오는 얼룩말과 누, 물소 등 유제류의 배설물을 먹기 위

해 초원에 서식한다. 다만 유제류들이 풀을 다 뜯어먹고 다른 장소로 이동하면 그곳의 환경이 바뀌어 버린다. 그러면 큰귀여우도 이동해야 한다. 그들의 생활은 이처럼 반복된다.

큰귀여우의 또 다른 특징은 다른 갯과 동물에 비해 치아가 작은 데다 어금니가 최대 8개나 많다는 점이다. 일반적인 갯과 동물의 치아는 42개인데 비해, 큰귀여우의 치아는 총 46~50개나 된다. 치아가 많은 것은 원시적인 종이라는 증거다. 갯과 동물로는 흔치 않게 흰개미 등의 곤충을 주식으로 하는 습성 때문에 태고의 모습을 유지하면서 살아남을 수 있었던 것이 아닐까.

육아중인 큰귀여우. 출산과 육아는 부부
가 함께 한다. 땅돼지나 사막혹멧돼지가
버린 굴을 재활용하거나 직접 굴을 파기
도 한다. 번식기는 우기이며 임신기간은
60~75일이다. 2~5마리의 새끼를 낳는
다. 갓 태어난 새끼의 얼굴은 둥글둥글
하고, 성체처럼 몸에 비해 귀가 크지 않
고 쳐져 있다. 생후 5~9일이면 눈을 뜬
다. 사진은 생후 13일의 모습이므로 1주
일만 더 있으면 귀가 선다. 암컷은 출산
후 약 2주 동안 굴 안에서 지내며 수유
를 비롯한 육아에 전념한다. 육아를 하
는 동안에는 암컷과 수컷이 교대로 사냥
을 나간다. 생후 약 1개월이 되면 큰귀여
우의 모습이 나온다.

촬영지 | 케냐(마사이마라 국립보호구역)
촬영자 | Suzi Eszterhas

흰개미의 집 앞에서 느긋하게 쉬고 있는 큰귀여우
모자. 생후 2주일이 지날 무렵부터 육아의 중심이 수
컷에게로 옮겨진다. 굴도 수컷 담당이 되어 새끼
들을 보듬고, 외부의 적으로부터 보호하면서 함께
놀아주기도 한다. 사냥을 가르치는 것도 수컷의 몫
이다. 주요 먹이는 수확흰개미(Hodotermitidae)다.
땅속에 숨어 사는 이 개미는 벼과의 어린 새싹을 잘
라서 땅속 둥지에 저장한다. 땅속의 흰개미 소리를
들을 수 있는 큰귀여우는 개미가 큰 무리를 지어 지

상에 모습을 드러내면 습격한다. 비교적 어릴 때부
터 새끼들을 사냥에 데리고 나가지만, 완전한 이유
는 생후 4개월이 되어야 한다. 갯과 중에서 상당히
느린 편이다. 이는 육식을 하는 다른 야생 개와 달리
먹이를 토해주지 못하기 때문이다. 생후 5~6개월이
면 부모와 거의 같은 크기가 되고 6개월이 지나면
독립한다.

촬영지 | 보츠와나(초베 국립공원)   촬영자 | Frans Lanting

소리를 모아주고 열을 발산하는 큰 귀

칼라하리 사막 내에 있는 칼라가디 트랜스프론티어 국립공원은 식물
이 눈에 띄지 않을 정도로 건조한 지역이다. 하지만 우기가 되면 화려
한 꽃들이 피어나고 풀이 무성한 녹색 사막으로 변한다. 사진에 나오는
큰귀여우의 표정이 느긋한 것은 낯가림을 하지 않는 성격 때문일 것이
다. 호기심이 강해서 사람과 마주치면 가만히 쳐다본다. 큰 귀로 정보
수집을 하고 있는지도 모른다. '배트 이어드 폭스(bat-eared fox)'라는
영어 이름처럼 박쥐 모양의 큰 귀를 펼치고 있다. 붉은여우보다 약간
작을 뿐인데 몸무게는 그 절반이므로 전체적으로 날씬하다. 작은 얼굴
에 눈 주위에 독특한 검은 반점이 있으며 다리는 길다. 꼬리는 여우 중
에서 중간 정도의 길이다. 갈색을 띤 회색 털을 갖고 있으며 배는 옅은
베이지색이다. 코, 귀, 꼬리, 다리의 끝 부분은 검다.

촬영지 | 남아프리카 칼라하리 사막(칼라가디Kgalagadi 트랜스프론티어 국립공원)
촬영자 | Ann and Steve Toon

| 큰귀여우의 분포

DATA

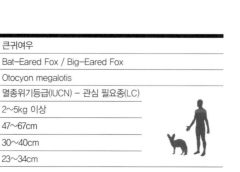

한국명	큰귀여우
영어명	Bat-Eared Fox / Big-Eared Fox
학명	Otocyon megalotis
보존상태	멸종위기등급(IUCN) - 관심 필요종(LC)
몸무게	2~5kg 이상
몸길이	47~67cm
어깨높이	30~40cm
꼬리길이	23~34cm

가장 원시적인 야생 개
너구리

백변종인 너구리의 모습이다. 외래종인 너구리가 정착한 유럽과 러시아 서부에서는 사육시설에서 번식시킨 개체도 많으며, 이들이 도망가서 야생화 된 것도 있다고 한다. 동아시아가 원산인 너구리는 모피 거래를 통해 구소련으로 흘러들어 갔는데 적응력이 뛰어나 폴란드와 동독, 북유럽과 서유럽까지 급속도로 퍼졌다. 반면 중국 일부에서는 멸종되었다. 겁이 많아서 가금류를 습격하지도 않고 원산지의 육식동물과 먹이를 놓고 다투지도 않기 때문인 듯하다. 일본에서는 물가에서 자라는 잡초를 좋아하고 활엽수림에서 서식하는데, 유럽에서는 침엽수림에서도 살아간다. 가날픈 목소리로 '큥' 하고 우는 정도이며, 갯과치고는 드물게 짖지 않는다.

촬영지 | 독일(니더작센Niedersachsen 주)
촬영자 | Frank Sommariva

갯과 동물 대부분은 진화 과정에서 산림에서 개발된 땅으로 이주했다. 하지만 숲에 남아 독자적인 진화를 이룬 동물도 있으니 바로 너구리다. 독자적인 길로 갈 운명인지, 살아가는 모습이 씩씩하다. 잡목림에 남겨진 여우나 오소리의 옛집, 인가의 마루 밑 등을 보금자리로 삼아 작은 동물과 곤충, 식물에 이르기까지 가리지 않고 먹는다. 원산지가 동아시아이지만, 적응력이 뛰어나서 모피 생산을 목적으로 유럽으로 도입되면서 그곳에서도 급격하게 확산되었다.

갯과 동물로 나무에 오르는 것도 신기한 일이다. 더 독특한 것은 '겨울잠을 잔다는 사실이다. 한랭지의 적설량이 많은 곳에서는 겨울 몇 달 동안 굴에 들어가 잠을 잔다. 겨울잠을 자는 사이 체온이 2~3도 내려가는데, 잠이 얕아서 배가 고프면 먹이를 찾아 밖으로 나오기도 한다. 따라서 진정한 동면과는 차이가 있다. 흥미로운 사실은 자는 척하는 일명 '너구리잠'이다. 사냥꾼이 쏜 총에 맞지 않았는데도 움직이지 않는 모습을 보고 너구리가 '죽은 척한다'고 말한다. 진짜 기절한 것이라는 설도 있는데, 다른 동물의 뇌 연구를 통해 실제로 죽은 체하며 꼼짝하지 않는 의사(擬死) 행동을 하는 동물이 있다는 사실이 밝혀졌다. 너구리 역시 의도적으로 죽은 체하는 것이라 추측된다. 이처럼 너구리에게는 유난히 '잠'과 관련된 이야깃거리가 많다.

인기척 없는 깊은 숲속의 굴에서 너구리 새끼가 나왔다. 아직 눈을 뜨지 못한 상태다. 60~90그램의 갓 태어난 새끼인데 털은 검은색이다. 생후 9~10일이 지나면 눈을 뜬다. 임신은 1~3월의 초봄까지 하고, 임신기간은 59~64일이며 한 번에 3~8마리의 새끼를 낳는다. 보통은 4~5마리를 낳는데 20마리까지 낳았다는 기록도 있다. 수컷은 암컷에게 먹이를 날라주고 출산 후에도 새끼를 돌본다. 생후 2개월이면 이유를 하고 4개월 반이 되면 부모와 거의 같은 크기가 된다. 생후 9~11개월이 되면 성 성숙이 이루어져 보통 이듬해 봄에는 독립한다.

촬영지 | 우크라이나(체르노빌)   촬영자 | Fabien Bruggmann

미국너구리(Procyon lotor, 아메리카너구리과)와는 완전히 다른 갯과 동물이다. 하지만 외모와 습성은 비슷하다. 나무타기를 잘하는 것도 그렇다. 눈 주위에는 검은색 큰 반점이 있고 코도 검은데 코 주변은 희다. 짧은 다리와 덥수룩한 꼬리의 위쪽은 검다. 털 색깔은 다양해서 전체적으로 회갈색이며 등은 약간 검다. 복부와 꼬리 아래쪽은 노란빛을 띤 갈색이다. 여름에는 털이 짧지만 겨울에는 털이 길고 솜털이 빽빽해진다. 잡식성이므로 과일을 비롯해서 새, 쥐, 어류, 뱀 등 가리지 않고 먹는다. 일본너구리(Nyctereutes procyonoides viverrinus)가 좋아하는 먹이는 지렁이다. 가을에는 과일을 충분히 먹어서 지방을 축적하므로 몸무게가 50퍼센트 정도 늘어난다. 사진은 대형 아종인 우수리너구리(Nyctereutes procyonoides ussuriensis)이며 줄무늬의 긴 털이 특징이다.

촬영지 | 독일(슈바르츠발트)   촬영자 | Klaus Echle

DATA

한국명	너구리
영어명	Raccoon Dog
학명	Nyctereutes procyonoides
보존상태	멸종위기등급(IUCN) – 관심 필요종(LC)
몸무게	4~6kg(겨울철 6~10kg)
몸길이	50~68cm
어깨높이	27~37.5cm
꼬리길이	13~25cm

| 너구리의 분포

도입 지역

Arctic ocean

Eurasia

RUSSIA

Bering sea

Sea of Okhotsk

Atlantic ocean

Black sea

Caspian sea

CHINA

Mediterranean sea

The African contient

Pacific ocean

Indian ocean

집고양이보다도 몸집이 작다. 몸길이는 최대 40센티미터, 몸무게는 약 1.5킬로그램으로 세계에서 가장 작은 여우이며, 동시에 세계에서 가장 작은 갯과 동물이기도 하다. 다만 귀만큼은 갯과 중 가장 커서 15센티미터나 된다. 사막에 땅굴을 파서 대부분의 시간을 그 안에서 보낸다. 한낮엔 열을 발산하고 추운 밤에는 따뜻하게 해주는 사막색의 체모, 피부 바로 아래에 있는 많은 혈관을 통해 열을 발산하는 큰 귀, 물을 마시지 않아도 살 수 있는 신장 등 사막 환경에 최적인 신체를 갖고 있다. 날쌔고 점프력도 좋아 수직으로 60~70센티미터를 점프한다. 120센티미터의 멀리뛰기 기록도 남아 있다.

촬영지 | 튀니지(케빌리Kebili 주)
촬영자 | Bruno D'Amicis

덥고 건조한 환경에서 살아가는 여우 중에서 가장 유명한 것이 페넥여우다. 아프리카대륙 북부에 서식하는데, 서쪽 모로코에서 동쪽 이집트까지 광범위한 지역에 걸쳐 분포한다. 머리부터 몸통까지의 길이가 약 30~40센티미터에 불과해 몸집이 가장 작은 여우로 알려져 있지만, 큰귀여우처럼 소리에 민감하고 열을 발산하는 큰 귀를 가지고 있다.

이들의 특징은 때로 깊이가 10미터나 되는 구멍을 파서 보금자리를 만든다는 것이다. 사막의 바위틈, 또는 약간 돋아난 풀뿌리에서 일단 1미터 정도를 판 다음 그 옆으로 구멍을 파

나간다. 보금자리용 굴은 낮에는 지표면보다 서늘하고 밤에는 따뜻하다. 따라서 더위나 추위가 심한 시간대에는 그 속에서 지낸다. 비교적 쾌적한 이른 아침에 밖으로 나가서 일광욕을 하고 놀다가, 저녁이 되면 먹이를 찾으러 나선다.

페넥여우는 잡식성으로 곤충류와 작은 설치류, 토끼류, 파충류, 조류와 조류 알, 과일과 식물의 구근까지 먹는다. 수분은 주로 과일을 비롯한 식물성 먹이를 통해 보충하기 때문에 물을 거의 마시지 않고도 살아갈 수 있다. 자신보다 큰 산토끼를 만나면 잽싸게 목을 물어서 죽이는 공격적인 사냥을 한

페 넥 여 우

가장 큰 귀에
가장 작은 몸집을 가진 여우

다. 사육시설에서도 돌봐주는 사람이 우리 안으로 들어가면 위협하는 모습을 보이므로, 강한 기질을 타고난 듯하다. 10마리 정도의 무리를 지어 행동하는 것도 다른 여우에게서는 보기 힘든, 페넥여우만의 특징이다. 무리와 잘 어울려 생활한다. 울음소리로 의사를 전달할 때는 개처럼 '멍멍' 짖고, 상대를 위협할 때는 고양이처럼 '냐~' 하는 날카로운 소리를 낸다. 개와 고양이를 합친 하이브리드적 면모는 겉모습뿐 아니라 울음소리에서도 나타난다.

가족이 함께 놀 때도 부모는 항상 경계를 게을리 하지 않는

다. 독수리, 하이에나, 자칼 등의 천적이 언제 공격해 올지 모르기 때문이다. 하지만 가장 큰 적은 인간일지도 모른다. 같은 생활 터전을 공유한 원주민들은 페넥여우의 굴에서 새끼를 꺼내 도시로 가서 파는 경우가 있다고 한다.

페넥여우는 모피용이나 애완용, 식용으로 이용되기도 한다. 그럼에도 개체수가 충분하기 때문에 멸종에 대한 우려는 없다.

성 성숙이 이루어지기 전인 어린 페
넥여우. 생후 약 9개월이 되면 성체
가 되고, 11개월이 되면 완전한 성
성숙이 이루어진다. 발정기는 1~2
월, 임신기간은 49~63일이다. 비교
적 서늘해지는 3~4월에 1~6마리,
평균 2~5마리의 새끼를 낳는다. 암
컷이 출산을 위한 굴은 파는데, 이때
산실(産室)에는 식물의 잎을 깐다.
수유기간은 61~70일로, 새끼들은
암컷에게 보호받으며 굴에서 지낸
다. 수컷은 먹이를 날라주고 주변에
서 보금자리를 지킨다.

촬영자 | Gerard Lacz

밤의 사막에 나타난 작은 사냥꾼

지하 굴에서 강한 햇볕과 더위를 피하던 페넥여우가 활동을 시작했다. 이들은 야행성으로, 해가 져서 서늘해지면 밤 사냥을 시작한다. 큰 귀는 모래 위에 있는 작은 먹이의 희미한 발소리까지 감지한다. 온몸을 두껍게 덮고 있는 부드러운 체모는 밤에는 추위를 막아주고 낮에는 열을 반사해 체온을 조절해준다. 그 뿐만이 아니다. 얼음 위를 걷는 북극곰의 발바닥이 털로 덮여 있는 것처럼, 뜨거운 모래 위를 걷는 페넥여우의 발바닥도 두꺼운 털로 덮여 있다. 체모는 크림색이며 등은 약간 불그스름하고 복부는 희다. 검은 부분이 세 곳 있는데 꼬리끝, 꼬리밑샘을 덮는 굵고 뻣뻣한 털, 그리고 어린 얼굴을 조금 어른스러워 보이게 하는 긴 구레나룻이다.

촬영지 | 튀니지(케빌리 주)   촬영자 | Bruno D'Amicis

DATA

한국명	페넥여우
영어명	Fennec Fox
학명	Vulpes zerda
보존상태	멸종위기등급(IUCN) – 관심 필요종(LC)
몸무게	0.8~1.5kg
몸길이	30~40cm
어깨높이	15~17.5cm
꼬리길이	18~31cm

| 페넥여우의 분포

블랜포드
여우

블랜포드여우의 분포

서식 가능 지역

DATA

한국명	블랜포드여우
영어명	Blanford's Fox
학명	Vulpes cana
보존상태	멸종위기등급(IUCN) – 관심 필요종(LC)
몸무게	3kg 미만(이스라엘의 조사에서는 1.5kg 미만)
몸길이	40~50cm
어깨높이	26~29cm
꼬리길이	30~41cm

남서아시아의 황무지에 서식하는 꼬리가 가장 긴 여우

아주 탐스러운 꼬리가 특징인 이 여우는 서쪽의 이스라엘, 시리아, 사우디아라비아부터 동쪽의 파키스탄, 아프가니스탄까지 중동 국가와 그 주변의 반건조 기후인 초원과 산지에 널리 분포한다.

험준한 암벽과 깎아지른 절벽을 좋아해서, 겹겹이 쌓인 바위 틈새를 보금자리 삼아 지낸다. 험한 지형을 오르내릴 때는 고양이처럼 날카로운 발톱을 사용하는데, 이때 큰 꼬리로 균형을 잡는다. 완전한 야행성으로 낮에는 보금자리에서 쉬다가 일몰 후 30분쯤 지나면 먹이를 찾아 나온다. 냄새나 소리에 민감하다. 바위 밑의 냄새를 맡거나 소리에 귀를 기울여 작은 동물이나 곤충을 포획한다.

여우는 대개 일부일처제 형태를 보이는데, 그중에서도 블랜포드여우는 평생 같은 짝과 함께 산다. 한쪽이 죽을 때까지 그 관계를 지속하는 것이다. 순수하고 깊은 유대관계일까, 아니면 산악지대라는 악조건 속에서 살아가기 위해 필요한 협력일까. 모피를 노리는 인간들에게 마구잡이로 포획되던 시절도 있었지만, 지금은 넓은 지역에 분포하고 있는 것으로 확인되므로 종의 생존에 위협이 될 정도는 아닌 듯하다.

참고로 '블랜포드'란 이 여우에 관해 최초로 기록을 남긴 영국의 지질학자 이름이다.

한밤 암벽을 걸어가는 이란의 블랜포드여우가 자동 촬영 카메라에 포착되었다. 사진에서 보듯이 완전한 야행성이므로 칠흑 같은 어둠 속에서도 잘 움직인다. 여우류 중에서는 페넥여우 다음으로 작다. 여우류 중 가장 길고 탐스러운 꼬리와 큰 귀가 특징이다. 체모는 상당히 두껍고 부드럽다. 회색을 기본으로 흰색과 검은색이 얼룩무늬처럼 들어가 있고, 갈색도 섞여 있다. 등 중앙에 어두운 빛깔의 띠가 꼬리 쪽으로 이어지는데 꼬리 끝은 검다. 아래턱의 끝은 갈색이며 눈과 코 사이에 작고 검은 점이 있다. 목과 가슴, 배는 희다. 꼬리 위쪽에 전미골부샘(pre-caudal gland)이라는 냄새샘이 있는데 이 부분의 털은 검다.

촬영지 | 이란(다르에닐 야생동물 보호구역)　　촬영자 | Frans Lanting

체모는 일반적으로 어두운 회색이 많은데, 이스라엘의 블랜포드여우는 은회색이다. 잡식성이지만 주요 먹이는 메뚜기나 개미 등의 무척추동물과 과일이다. 고기는 잘 먹지 않는다. 과일을 상당히 많이 먹기 때문에 종종 과일나무나 과수원 근처에서 눈에 띈다. 번식기는 12~1월, 임신기간은 50~60일, 2월 하순부터 3월 상순에 1~3마리의 새끼를 낳는다. 새끼를 돌보는 일은 암컷이 맡아서 하는데 수컷이 관여하는지는 알지 못한다. 수유기간은 6~8주다. 생후 3개월이 지나면 먹이를 잡을 수 있게 되고 10개월이 지나면 독립한다. 생후 8~12개월이 되면 성 성숙이 이루어진다.

촬영지 | 이스라엘(네게브Negev 사막)

케이프여우

어른이 되어도 여전히 귀엽다

남아프리카공화국의 케이프 주에 많이 서식해서 케이프여우라는 이름이 붙었다. 적도 이남의 아프리카에 서식하는 유일한 여우속 동물이며, 남아프리카에서 발견된 가장 작은 갯과 동물이다. 다 커도 어깨까지의 높이가 약 35센티미터, 몸무게는 약 2.5~3킬로그램에 불과하다. 탁 트인 초원, 건조지대, 반사막지대 등 뜨겁고 건조한 지역을 좋아한다. 큰귀여우와 마찬가지로, 귀가 길고 큰 것은 열을 쉽게 발산하기 위해서이며 소리에 민감하다.

도마뱀, 쥐, 메뚜기, 개미, 토끼류까지 잡아먹는 잡식성이며 특히 곤충을 좋아한다. 야생종의 위 내용물을 분석해 보았더니 곤충이 50~60퍼센트를 차지했다는 연구도 있다. 케이프여우는 개체수가 많아 생태가 안정적이라고는 하지만, 더 이상 자세한 생활 실태에 대해서는 조사된 것도 알려진 바도 없다. 야행성으로 낮에는 바위 밑이나 동굴 속에 숨어 있어서 쉽게 발견하기가 어렵기 때문일 것이다. 아니면 단지 연구자들의 흥미를 끌 만한 무언가가 없어서 연구가 진행되지 않았을 수도 있다. 내성적이고 겁이 많은 성격이며 '캥캥' 하고 짖는다. 자주 짖는 것은 겁이 많기 때문인지, 아니면 의사를 전달하기 위해서인지도 알려져 있지 않다.

좌 | 짧은 사랑, 긴 육아

굴 옆에서 느긋하게 휴식을 즐기는 어미와 생후 2개월의 새끼. 보통은 땅돼지와 날쥐 등이 버린 굴을 재활용하는데 굴을 직접 파기도 한다. 번식기는 8~9월이고 임신기간은 51~52일, 평균 3~5마리의 새끼를 낳는다. 암컷이 중심이 되어 육아를 하며 수컷은 적어도 2주 동안 먹이를 나른다. 생후 6~8주가 되면 이유를 시작하는데, 새끼 여우는 그 후에도 생후 4개월까지 어미에게 먹이를 받아먹는다. 5개월이 되면 독립해서 사냥을 나서고, 9개월이 되면 성 성숙이 이루어진다. 수컷이 얼마 동안 가족과 함께 지내는지에 대해서는 알려진 것이 없다.

촬영지 | 남아프리카　촬영자 | Klein & Hubert

우 | 귀도 꼬리도 크다

크고 긴 귀를 쫑긋 세우고 주변을 경계하는 어미 여우. 굴 밖에서 생후 2개월이 된 새끼 2마리에게 젖을 먹이고 있다. 체모는 전체적으로 황갈색이며, 등은 광택이 나는 회색에 검은 털이 섞여 있다. 머리 부분은 약간 붉은 빛이 나고, 짧고 뾰족한 입과 눈 사이는 밤색이다. 복부는 담황색이며 꼬리 끝과 윗면은 검다. 야행성이지만 낮에 새끼들이 보금자리 밖에서 노는 모습이 자주 관찰된다.

촬영지 | 남아프리카　촬영자 | Klein & Hubert

| 케이프여우의 분포

DATA

한국명	케이프여우
영어명	Cape Fox / Silver-Backed Fox
학명	Vulpes chama
보존상태	멸종위기등급(IUCN) – 관심 필요종(LC)
몸무게	3~4.5kg
몸길이	45~61cm
어깨높이	28~33cm
꼬리길이	30~40cm

키트여우

건조한 평원에
여러 개의 굴을 만든다

미국에서 멸종 위기종으로 지정된 키트여우의 아종인 산 호아킨 키트여우(Vulpes macrotis mutica) 모자. 이 종은 해발 400 ~1,900미터의 사막과 건조한 초원, 덤불에 서식한다. 야행성이 지만 새벽이나 해질녘에 활동하기도 한다. 굴은 직접 파거나 오 소리나 프레리독 등이 버린 굴을 재활용하기도 한다. 낮에는 대 체로 더위를 피해 굴속에 숨어 있다. 배수가 잘 되는 고지대에 최 대 10개의 굴을 가지고 있으며 출입구도 여러 개 만들어 둔다. 밤 이 되면 보금자리에서 나와 작은 포유류나 곤충, 과일 등을 먹는 데 주로 육식을 한다. 체모는 회갈색 혹은 황색이 섞인 회갈색이 고 등은 어둡고 복부는 밝다. 코끝 양쪽에 뚜렷한 검은 반점이 있 다. 꼬리는 회색이며 끝 부분은 검다.

촬영지 | 미국(캘리포니아 주, 샌와킨 카운티(San Joaquin County)
촬영자 | B. Moose Peterson

키트여우는 북아메리카형 페넥여우라 할 수 있다. 페넥여우처럼 건조한 사막에서 서식하는 데 적합한 조건을 갖추고 있다. 즉 소리에 민감하고 열을 발산하는 큰 귀, 뜨거운 지면 위에서 피부를 보호해주는 털로 덮인 발바닥을 갖고 있다.

물을 거의 마시지 않아도 살 수 있다는 점은 페넥여우와 같지만, 수분을 동물의 체액으로 채우는 것은 키트여우뿐일 것이다(페넥여우는 주로 식물로 수분을 보충한다). 그래서인지 그들은 먹잇감으로 필요한 양보다 더 많은 동물을 포획해야 하는 듯하다. 식물을 통해 수분을 섭취하는 것보다 더 힘든 일이지만, 그들이 서식하는 환경에서는 이 방식이 더 쉬울 것이다.

키트여우가 페넥여우만 닮은 것은 아니다. 북아메리카에 서식하는 스위프트여우도 키트여우와 동종일 것이라는 주장이 있다. 서식지가 겹치는 곳에서는 두 개체가 교잡을 하므로 잡종을 볼 수 있다는 점이 그 근거가 되고 있다. 하지만 형태학적 연구로 보면 둘은 별종이라는 의견도 있다. 또는 둘 사이는 별종도 동종도 아닌, 아종 수준의 차이가 있다는 유전학적 연구도 있어 아직 결론이 나지 않은 상태다.

키트여우는 멸종 위기에 처해 있지는 않지만, 농지 개발 등의 영향을 받아 개체수가 계속 감소하고 있다고 한다.

키트여우의 아종인 산 호아킨 키트여우의 새끼들이 초원에서 놀고 있다. 키트여우는 12월부터 다음해 2월까지 교미를 하며 임신기간은 49~55일이다. 2~4월에 2~6마리의 새끼를 낳는데, 보통은 4~5마리를 낳는다. 수유기간은 8주간이며, 생후 3~4개월이 되면 사냥을 시작하고 5~6개월이 지나면 독립한다. 생후 10개월이 되면 성 성숙이 이루어진다. 가을에 새끼 키트여우가 독립해서 떠난 후에도 부부가 함께 생활한다. 다만 같은 세력권 내에서 사냥은 하지만, 굴을 공유하지도 않고 사냥할 때 협력해서 먹이를 포획하는 일도 없다.

촬영지 | 미국(캘리포니아 주, 카리조Carrizo 평원 국립보호구역)
촬영자 | Kevin Schafer

| 키트여우의 분포

DATA

한국명	키트여우
영어명	Kit Fox
학명	Vulpes macrotis
보존상태	멸종위기등급(IUCN) – 관심 필요종(LC)
몸무게	수컷 평균 2.2kg / 암컷 평균 1.9kg
몸길이	35~50cm
어깨높이	27.5~30cm
꼬리길이	22.5~32cm

북극여우는 캐나다, 러시아, 알래스카, 그린란드 등 고위도 지역(북극권)에 널리 분포한다. 전신을 덮고 있는 털은 밀도가 매우 높고 귀와 발바닥까지 털이 덮여 있어서, 영하 70도까지 내려가는 북극점 근처의 극한 환경에도 적응할 수 있다. 귀나 코가 작은 것도 추위에 적응한 결과다. 신체의 말단 부분으로 열이 빠져 나가는 것을 막기 위해서인 것이다.

북극여우는 계절에 따라 털갈이로 색을 바꾼다. 여름철은 비슷하지만 겨울이 되면 2가지 털빛으로 극명하게 나뉜다. 전신이 흰 '하얀 여우'와 파란색과 회색이 섞인 '푸른 여우'다. 하얀 여우는 겨울에 온통 흰 눈으로 덮여 있는 지역에 서식하고, 푸른 여우는 해안지역과 키 작은 식물이 무성한 지역에 분포한다. 여름철이 오면 2종의 털빛이 각각 회갈색과 짙은 갈색으로 변한다. 푸른 여우뿐 아니라 '하얀 여우'도 여름에는 평원이나 초원의 색깔에 맞춰 자신을 보호해야 하기 때문이다.

혹독하게 추운 지역에서 먹이를 구하는 건 힘들지만, 북극여우는 살아남는 방법을 터득했다. 일단 먹이를 찾아 상당히 긴 거리를 이동할 수 있다. 북극여우에게 마크를 붙인 연구에서, 직선거리로 1,530킬로미터나 되는 두 지점 사이를 1년 만에 이

영하 50도 극한의 땅에서 살아가는 여우

북극여우

동하였으며 하루 종일 먹이를 찾아다닌 사실이 확인되었다. 게다가 해안에서 800킬로미터나 떨어진 바다의 얼음 위에 있는 모습도 발견되어 자유자재로 얼음 사이를 이동할 수 있고 수영도 능숙하다는 사실이 밝혀졌다.

이처럼 뛰어난 이동 능력을 살려서 먹이를 탐색한 뒤 레밍, 일본밭쥐, 북극토끼 등 소형 포유류를 덮친다. 눈 속에 구멍을 파고 몰래 숨어 있다가 레밍을 낚아채기도 한다. 산토끼와 순록의 새끼, 물고기, 과일, 심지어 바다표범과 고래의 사체도 먹는다. 큰 북극곰을 따라다니다가 그들이 먹고 남긴 찌꺼기를 먹기도 한다. 북극곰은 바다표범을 즐겨 먹는데 지방만 먹고 나머지는 버리기 때문에 남은 고기와 내장을 충분히 확보할 수 있다. 혹독한 겨울을 지내기 위해, 여름에는 먹을 양보다 더 많은 먹이를 잡아서 저장한다. 북극여우는 여러 세대를 거치며, 굴 하나에서 시작해 서서히 공간을 넓혀 나가는데, 굴 속의 돌 밑이나 바위틈 같은 곳에 먹이를 숨겨두고 겨울까지 보관한다. 새나 작은 동물이 나란히 저장되어 있었다는 보고도 있다. 극한의 땅에서 살아가기 위해서는 저장하는 능력이 필수적이었기 때문에 그렇게 진화했을 것이다.

혹한의 설원에서 먹이를 찾는 북극여우. 실험에 의하면, 영하 80도까지 내려가는 혹한에도 견딜 수 있어서 아무리 추워도 동면이나 휴면 상태로 들어가지 않았다. 겨울을 대비해 가을에 지방분을 축적하므로 몸무게가 50퍼센트 이상 늘어나기도 한다. 후각이 예민해서 눈 속 77센티미터 지점에서 얼어붙은 레밍의 사체, 또는 얼음 밑 1.5미터에 있는 바다표범도 찾을 수 있다고 한다. 붉은여우처럼 사냥에도 뛰어나다. 얕은 눈 속에 있는 먹이를 냄새로 탐지하면, 즉시 수직으로 뛰어올랐다가 마치 다이빙하듯이 머리부터 눈 속으로 처박아 먹이를 잡는다. 번식기 이외에는 주로 단독으로 행동하며 안정된 무리를 만들지는 않는다. 다만 번식하지 않는 무리끼리 먹이를 찾아 이동하거나, 번식하는 짝과 육아를 도와주는 '헬퍼'가 작은 무리를 짓기도 한다.

촬영자 | Gillian Lloyd

순백의
아름다운 여우

눈을 감고 입을 다물면 발바닥을 포함한 전신이 길고 빽빽한 털로 덮여 있어 노출된 곳이라고는 검은 코끝뿐이다. 열을 빼앗기지 않도록 귀가 둥글고 작다. 코끝이 굵고 짧으며, 다리와 꼬리도 짧다. 한마디로 몸 전체가 땅딸막하고 둥글둥글하다. 추위에 노출되는 전신의 표면적이 작아야 체온을 뺏기지 않기 때문이다. 특히 중요한 부분은 열 방출이 심한 귀다. 더운 지방에 서식하는 여우일수록 이와는 반대로 귀가 크다. 10월부터 4월까지는 사진처럼 길고 빽빽한 양털 모양의 겨울 털로 갈아입는다. 하얀 체모의 70퍼센트는 작은 솜털로 전신에 빽빽하게 나 있다. 발바닥까지 빽빽하게 덮여 있어 탁월한 보온효과를 얻을 수 있고 얼음 위에서도 미끄러지지 않는다. 물론 겨울철의 하얀 털은 쌓인 눈과 구분이 되지 않아, 먹이와 포식자 모두에게 위장술이 된다.

촬영지 | 노르웨이(플라탱거Flatanger)
촬영자 | Willi Rolfes

상 | 여름이 다가오면 하얀 털이 빠지면서, 주변의 바위와 툰드라, 초원의 색깔에 맞춰 그을린 듯한 회갈색으로 변한다. 등은 회갈색 또는 회색이, 복부는 회색이 된다. 여름털에서 겨울털로 털갈이를 하는 중간 시기의 털은 얼룩무늬다. 사진은 겨울의 순백 여우로 변신하기 직전이라 짐작된다. 얼굴에만 회색이 살짝 남아 있어 마치 가면을 쓴 모습이다. 겨울털의 색깔은 지역에 따라 달라서, 1년 내내 갈색인 종류도 있다고 한다.

촬영지 | 캐나다　촬영자 | Chris Schenk

하 | 알래스카 야생보호구역의 10월. 근해의 유빙 위를 달리며 장난치는 두 마리의 북극여우. 통통한 몸엔 긴 순백의 털이 덮여 있다. 북극곰과 북극늑대의 체모는 모든 개체가 순백이지만, 북극여우는 특이하게도 겨울에 2가지 털색으로 나뉜다. 즉 '하얀 여우'와 '푸른 여우' 유형이다. 게다가 같은 어미에게 태어난 새끼가 다른 유형인 경우도 있다고 한다. 털색은 유전자 하나로 결정되는데 하얀색이 열성 유전자다.

촬영지 | 미국(알래스카 주, 북극 야생동물 국가보호구역)
촬영자 | Steven Kazlowski

상 | 계절에 따라 털빛이 바뀐다

여름이 다가오자 순백의 털이 빠지는 중인지 얼룩무늬가 된 어미 북극여우가 주변을 경계하며 새끼들에게 젖을 먹이고 있다. 새끼들은 암갈색이다. 출산은 봄부터 초여름(4~7월) 사이에 이루어지고, 임신기간은 49~57일로 평균 51~52일이다. 태어나는 새끼의 숫자는 먹이에 따라 크게 달라진다. 일반적으로는 4~5마리이고, 주요 먹이인 레밍을 대량으로 포식한 경우 20마리 이상 낳기도 한다. 수컷은 먹이를 나르고 육아도 돕는다. 생후 3~4주가 되면 굴 밖으로 나가고, 9주째가 되면 이유를 시작한다. 생후 9~10개월이면 성 성숙이 이루어진다.

촬영지 | 노르웨이(스발바르Svalbard 제도) 촬영자 | Jasper Doest

하 | 북극여우 중 '푸른 여우' 유형

해안의 깎아지른 절벽에서 쉬고 있는 북극여우. '푸른 여우' 유형으로, 여름엔 짙은 갈색이지만 겨울이 되면 청회색이 된다. 북극여우 중 '푸른 여우'는 알래스카와 캐나다, 유라시아 대륙에는 1퍼센트 미만으로 거의 눈에 띄지 않는다. 캐나다의 배핀(Baffin) 섬에는 5퍼센트 이하, 그린란드에는 50퍼센트 이상 서식한다. 사진의 프리빌로프 제도처럼 작은 섬에는 북극여우의 90퍼센트 이상이 '푸른 여우'다. 푸른 털이 될지, 하얀 털이 될지는 눈이 얼마나 쌓이는지를 포함한 서식 환경에 크게 좌우된다.

촬영지 | 미국(알래스카 주, 프리빌로프Pribilof 제도 세인트폴 섬)
촬영자 | Yva Momatiuk and John Eastcott

DATA

한국명	북극여우
영어명	Arctic Fox
학명	Vulpes macrotis
보존상태	멸종위기등급(IUCN) – 관심 필요종(LC)
몸무게	수컷 평균 3.5kg(3.2~9.4kg) 암컷 평균 2.9kg(1.4~3.2kg)
몸길이	수컷 평균 55cm(46~68cm) 암컷 평균 52cm(41~55cm)
어깨높이	25~30cm
꼬리길이	26~42cm

하얀 설원을 배경으로, 북극여우가 흰기러기를 습격하고 있다. 북극권에서 번식하는 많은 바다새들에게는 북극여우가 천적에 속한다. 북극여우는 바다새들의 알과 어린 새끼들을 표적으로 삼고, 어미 새도 공격한다. 사진의 흰기러기에게도 북극여우가 최대 천적이다.

촬영지 | 러시아(브란겔Wrangel 섬) 촬영자 | Sergey Gorshkov

| 북극여우의 분포

뛰어난 지능과 탁월한 신체 능력

사진은 유럽 개체이므로 5킬로그램 전후의 북아메리카 개체보다 훨씬
크다. 중형 갯과 동물인 붉은여우는 지방을 축적한 겨울철에는 14킬로
그램에 달하는 개체도 있다. 날카롭고 뾰족한 코끝, 큼직한 삼각형의
귀를 가졌다. 눈은 금색 혹은 노란색을 띠고 있으며, 고양잇과 동물처
럼 눈동자가 세로로 길다. 이는 잠복해서 먹이를 포획하는 동물의 특징
으로, 밝은 곳에서는 눈동자가 바늘처럼 가늘어진다. 동작이 민첩해서
'고양이 같은 갯과'라고 표현하기도 한다. 뛰어난 지능과 신체 능력을
가지고 있어 높이 2미터나 되는 울타리를 뛰어넘고, 시속 50킬로미터
속도로 달리며, 나무 타기와 수영에도 능하다. 단독으로 세력권을 가지
며 겨울에만 짝을 이루는 등, 산속의 현자 같은 단순한 생활을 한다고
알려졌다. 최근 번식을 하지 않는 헬퍼와 복잡한 가족 구성의 존재가
밝혀짐에 따라, 보다 고도의 사회 구조를 이루고 있을 가능성이 대두되
었다.

촬영지 | 노르웨이   촬영자 | Malcolm Schuyl

붉 은 여 우

사막에서 극한의 툰드라까지
포유류 중 최대 분포 지역을 자랑

슬슬 사랑을 시작할 계절

북유럽 해빙의 계절, 겨울털을 두르고 있는 붉은여우
가 홀로 서성이고 있다. 참고로 일본여우(붉은여우의
아종)에게 구애의 계절은 12월부터 2월이다. 2개월
정도 늦은 북방에서도 슬슬 사랑의 계절이 시작된다.
임신기간은 49~56일, 평균 51~52일이며 약 4~5
마리의 새끼가 태어난다. 많을 때는 13마리까지 태어
난다. 지하 굴에서 어미 여우와 약 1개월을 지낸 후에
새끼들은 굴 앞에서 놀기 시작한다. 암컷이 육아를
하는 동안 수컷은 먹이를 나른다. 10주가 지나면 완
전히 이유를 하게 되며, 10개월이 되면 성 성숙이 이
루어진다. 이후 부모는 엄격하게 새끼들을 내몰아서
이별하는데, 가끔 부모의 세력권 가까이에 머무는 새
끼도 있다.

촬영지 | 에스토니아   촬영자 | Sven Zacek

상 | 수직으로 점프해서 먹이를 덮치다

들쥐일까. 눈 속에서 작은 포유류가 희미하게 소리를 내고 있다. 예리한 청각의 붉은여우가 놓칠 리 없다. 바로 위로 점프해서 몸을 아치형으로 구부렸다가 내리꽂는다. 쌓인 눈 속으로 머리를 처박아, 몸무게를 이용해서 단숨에 먹이를 짓눌러 포획한다. 점프하는 모습을 보면 알 수 있듯이, 귀 뒤쪽이 검은 것이 붉은여우의 가장 큰 특징이므로 이것만 기억해 두면 다른 여우와 구별할 수 있다. 발끝과 꼬리가 검고 꼬리 끝이 얇은 것도 특징이지만, 지역과 개체에 따라 다를 수 있다. 일례로 붉은여우의 아종인 일본여우의 발끝은 검지 않다.

촬영지 | 노르웨이　촬영자 | Jasper Doest

하 | 천적과의 싸움

붉은여우는 각자의 행동권을 가지고 있다. 정해진 규칙에 따라 소변이나 대변으로 확실하게 경계를 마킹한다. 그 범위가 넓어서 50제곱킬로미터에 달하기도 한다. 겨울에는 먹이를 찾아다니다가 실패하면 죽은 동물의 고기도 먹는다.

붉은여우의 세력권 내에 맹금류가 나타났다. 강적이기는 하지만 물러서지 않는다. 혹시 천적인 맹금류가 새끼 여우를 노리는 건 아닐까. 사실은 사냥감이 적은 겨울철이라 검독수리가 발견한 동물의 사체를 붉은여우가 과감하게 빼앗으려 하는 장면이라고 한다.

촬영지 | 불가리아(시니테 카마니Sinite Kamani 국립공원)　촬영자 | Stefan Huwiler

붉지 않은 붉은여우들

상 | 붉은여우의 털빛은 붉은색부터 황금색까지의 적색 계열에 갈색, 검은색, 흰색이 섞여 있다. 붉은여우는 '적색형' 외에도 3가지 유형이 더 있다. 그중 하나가 '은색형'으로 맨위 사진의 은여우다. 그 아래 검은색의 새끼는 '흑색형'으로 흑여우라 불린다. 흑색형은 온몸이 검고, 은색형은 검은색에 은백색 털이 얼룩무늬로 섞여 있어 은백색의 비율에 따라 다양하게 보인다. 털 색깔은 부모나 형제, 지역에 따라 다르게 나타난다. 은색형과 흑색형은 캐나다에 많다.

촬영지 | 위: 캐나다(프린스에드워드 섬) / 아래: 캐나다(매니토바 주, 처칠 시 근교)
촬영자 | Dennis Fast

좌 | 적색형, 은색형, 흑색형 외의 나머지 하나가 '십자형' 붉은여우인데, 전체적으로 칙칙한 갈색이다. 어깨와 등의 중앙 아래에 검은색 줄무늬가 있다. 털이 십자가 모양이므로 십자여우라 부른다. 다만 모피로 만들었을 때만 십자 모양을 확인할 수 있다. 캐나다의 기록에 따르면, 적색형 46~77퍼센트, 은색형 2~17퍼센트, 십자형 20~44퍼센트의 구성이라고 한다.

촬영지 | 미국(알래스카 주)　　촬영자 | Michael Quinton

육상의 모든 야생동물 중 가장 널리 분포하는 것이 붉은여우다. 사막, 깊은 숲, 극한의 툰드라, 해발 4,500미터 고지대, 인간의 마을까지 어떤 환경에도 적응한다. 따라서 일반적으로 '여우'라고 하면 붉은여우를 가리킨다고 할 수 있다.

매우 영리하며 들쥐, 산토끼 등의 포유류나 그들의 사체, 식물, 음식물쓰레기까지 무엇이든 먹는다. 먹이를 잡을 때는 잠복해서 기다리기, 높은 곳에서 뛰어내리기, 덤불 속 먹이의 소리를 탐지해 지면에서 1미터 정도 바로 위로 점프해서 포획하기 등의 기술을 구사한다. 신체 능력도 좋고 시각, 청각, 후각도 매우 예민하다.

무엇보다 대단한 것은 먹이를 방심하게 하려는 의도인지, 고통스러운 척하거나 자신의 꼬리를 쫓아 빙글빙글 돌면서 상대가 그런 모습에 넋을 잃고 있는 사이에 조금씩 다가가서 단숨에 덮쳐버리기까지 하는 것이다. 이런 습성을 '차밍(Charming)'이라고 한다. 알을 먹을 때는 사람처럼 양손으로 들고 앞다리로 눌러서 송곳니로 껍질에 구멍을 뚫은 뒤 속을 핥아 먹는다. 남은 먹이를 구멍에 숨기기도 한다.

길들여진 여우 여러 마리로 한 실험에 따르면, 자신이 먹이(쥐)를 직접 숨겼을 경우에 시간이 많이 지나도 찾는 데 성공하는 반면 다른 개체가 숨긴 먹이는 잘 찾지 못했다. 여우는 후각이 아니라 자신이 숨겨놓은 장소를 정확하게 기억하는 것으로 보인다. 이렇게 지능이 높은 데다 오래 전부터 사람과 접촉해왔기 때문에 전 세계의 이야기책에 단골로 등장한다. 닭을 비롯한 가축을 습격하기 때문인지 교활한 악당으로 묘사되는 경우가 많다.

동화 속에 등장하는 여우는 대부분 교묘하게 장난을 치거나 못된 짓을 한다. '정신을 호리다'라는 표현으로 묘사되는 경우가 많다. 일본에서는 황금색 체모가 풍작을 연상케 하고, 농가에 서식하는 성가신 쥐를 잡아먹기 때문에 농업의 수호신으로 숭배되기도 했다. 일본 곳곳의 이나리(稲荷, 벼의 신) 신사에 여우상이 있는 것은 그 때문이다.

호주에서는 여우 사냥을 스포츠로 즐기기 위해 19세기에 인위적으로 붉은여우를 들여왔다. 그 후 야생화 한 개체가 늘어나 재래종 동물을 감소시키자 대규모의 붉은여우 제거 계획이 이루어지기도 했다. 여우 입장에서 보면 사람 역시 교활하고 성가신 존재임이 분명하다.

DATA

한국명	붉은여우
영어명	Red Fox
학명	Vulpes vulpes
보존상태	멸종위기등급(IUCN) – 관심 필요종(LC)
몸무게	2.2~14kg
몸길이	45.5~90cm
어깨높이	35~50cm
꼬리길이	30~55.5cm

| 붉은여우의 분포

흰꼬리
모래여우

인간에게 쉽게 길들여지는 암석 사막에 사는 여우

—

아프리카대륙 북부와 아라비아 반도, 이란에 이르기까지 널리 분포한다. 페넥여우와는 분포 지역이 겹치는 데다 외모도 비슷하기 때문에 얼핏 보면 혼동할 수도 있다. 하지만 흰꼬리모래여우가 훨씬 더 크고, 이름처럼 꼬리 끝이 흰색이므로 구별하기는 어렵지 않다.

돌이나 바위가 많은 사막에 서식하기 때문에 큰 귀와 털로 덮인 발바닥을 가졌다는 특징은 다른 건조 지대의 여우와 같다. 흰꼬리모래여우는 극심하게 건조한 환경에도 적응할 수 있는데, 털색도 모래나 바위와 쉽게 융화되는 모래색이나 은

회색을 갖고 있다. 원래 같은 지역에 서식했던 붉은여우와 경쟁했으나, 다른 지역으로 밀려나 더 혹독한 환경에 적응할 수밖에 없었기 때문이라고도 한다.

체취는 없지만 항문의 냄새샘에서 분비되는 냄새로 동료끼리 인사를 나눈다. 암컷은 그 냄새로 새끼를 낳을 보금자리에 마킹을 한다. 사육시설에서 인간에게 아주 쉽게 길들여지는 동물로 알려져 있다. 다양한 놀이를 즐기고 집개처럼 꼬리를 흔들기도 한다.

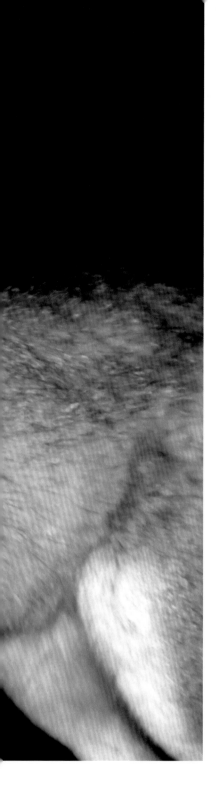

좌 | 코끝에 있는 검은 무늬가 특징

페넥여우보다는 작지만 귀가 큰 것이 가장 큰 특징
이다. 특히 귀 뿌리의 폭이 넓다. 페넥여우보다 몸집
이 크기 때문에, 흰꼬리모래여우의 새끼와 성숙한
페넥은 혼동하기 쉽다. 페넥여우와 마찬가지로 발바
닥에 긴 털이 빽빽하게 나 있어 온도 변화가 심한 사
막 환경에서도 잘 산다. 붉은여우보다 몸이 더 가늘
고 다리도 짧다. 전신이 옅은 모래색 또는 은회색의
부드러운 체모로 덮여 있어 서식지인 사막의 풍경과
융화된다. 사진의 배경인 이집트산은 옅은 황갈색으
로 회색빛이 적다. 눈 밑, 코 양 옆에 특이한 검은 무
늬가 있다. 뺨, 턱, 복부는 희고, 귀 뒤쪽은 연한 적갈
색이다. 구레나룻은 비교적 길고 검다.

촬영지 | 이집트(리비아 사막)   촬영자 | Gabriel Rif

우 | 꼬리 끝이 흰색이라 붙여진 이름

탐스러운 긴 꼬리의 끝이 하얗고, 등 중앙에서 꼬리
윗면에 걸쳐 검은색이다. 청각이 발달해서 100미터
이상 떨어진 곳의 소리를 감지한다. 야행성이며 행
동 범위는 70제곱미터에 달하기도 한다. 잡식성이
지만 주요 먹이는 지역에 따라 다르다. 작은 포유류
혹은 곤충을 먹기도 한다. 도마뱀, 뱀, 조류, 베리류,
식물의 뿌리도 먹고 쓰레기장에도 출몰한다. 부부가
함께 육아를 하는데 15마리까지 무리를 이룬 경우도
관찰되었다. 교미 후 몇 주가 지나면 출산을 위해 암
컷이 굴을 준비한다. 임신기간은 52~53일이며 3월
경에 보통 2~3마리의 새끼를 낳는다. 생후 6~8주
에 이유를 하고 약 4개월이 되면 독립한다. 최대 48
킬로미터나 이동한 새끼도 있다고 한다. 1년 이내 성
성숙이 이루어진다. 어릴 때부터 기르면 길들이기
쉽기 때문에 다양하게 노는 모습을 볼 수 있다.

촬영지 | 이스라엘(아라바Arabah 사막)

DATA

한국명	흰꼬리모래여우
영어명	Ruppell's Fox
학명	Vulpes rueppellii
보존상태	멸종위기등급(IUCN) – 관심 필요종(LC)
몸무게	1.5~4kg
몸길이	40~52cm
어깨높이	25~30cm
꼬리길이	25~35cm

| 흰꼬리모래여우의 분포

귀는 아랫변이 넓고 끝은 뾰족하다. 전신이 부드러운 체모로도 두껍게 덮여 있어 모피를 위해 사냥되어 왔다. 털빛은 전체적으로 연한 적갈색에서 황갈색이며 윗부분이 은색을 띤 것처럼 보인다. 복부는 노란빛을 띤 흰색이다. 티베트모래여우를 닮았지만 꼬리 끝이 검어서 구분이 가능하다. 야행성이지만 낮에도 활동한다. 잡식성으로 일본밭쥐 등 소형 포유류를 비롯해 새와 새알, 개구리, 도마뱀, 곤충, 과일부터 썩은 고기까지 가리지 않고 먹는다. 설치류가 많이 잡힐 때는 저장해 둔다. 먹이를 통해 섭취한 수분으로도 오랫동안 생존이 가능하다.

촬영자 | Rod Williams

따뜻하고 아름다운 모피를 위한 희생양

코사크여우

'코사크(Kazak, 카자크라고도 함)'란 러시아 남부 초원지대에 있는 자치 공동체를 말한다. 코사크여우도 러시아 남쪽과 카자흐스탄, 몽골 등의 스텝 지역과 반사막 지대에 서식한다. 다른 여우들과 달리 체취가 적어 18세기 러시아에서 애완동물로 길러졌다. 이처럼 인간과 관계가 깊었지만, 이들의 생태에 대해서는 알려진 것이 별로 없다. 코사크여우의 능력에는 뭔가 기이한 면이 있다. 나무가 적은 환경에서 사는데 나무 타기에 능숙하고, 평지에서 살면서도 달리기가 서툴러 동작이 느린 개에게도 잡히는 것이다.

다른 여우류에 비해 사회성이 높은 것이 특징이다. 예전에 일정한 영역에서 코사크여우가 몇 마리씩 모여 사는 보금자리가 다수 발견되어 '코사크 도시'라는 이름이 붙여지기도 했다. 하지만 오랜 세월 모피를 위해 포획되어 왔기에 현재는 그런 광경을 찾아볼 수 없다. 1947년에는 1년간 62,926장의 모피가 몽골에서 구소련으로 넘어갔다는 기록도 남아 있다. 남획에 대한 우려 때문인지 몽골, 소련 양국에서 일시적으로 사냥이 금지되기도 했다고 한다. 그런데 소련 붕괴 후에는 다시 포획이 시작되었다. 이런 영향 탓인지 지역에 따라서는 개체수가 감소하고 있지만 현재 멸종을 우려할 정도는 아니라고 한다.

스텝(건조한 초원)이나 반사막에 굴을 파고 생활한다. 굴은 직접 파기도 하지만 마모셋원숭이, 오소리, 붉은여우가 버린 것을 재활용하는 경우도 많다. 몽골에서는 64퍼센트가 마모셋원숭이가 쓰던 굴을 이용한다고 한다. 1~3월에 교미하며 임신기간은 50~60일이다. 보통 2~6마리의 새끼를 낳는데 11마리를 낳은 사례도 있다. 암컷 2마리가 같은 굴에서 출산하는 경우도 있다. 새끼는 대부분 가을까지는 독립하지만 이듬해 봄까지 부모 밑에서 지내기도 한다.

촬영자 | Rod Williams

| 코사크 여우의 분포

DATA

한국명	코사크여우
영어명	Corsac Fox
학명	Vulpes corsac
보존상태	멸종위기등급(IUCN) – 관심 필요종(LC)
몸무게	2.5~5kg
몸길이	50~60cm
어깨높이	30cm
꼬리길이	25~35cm

티베트모래여우

티베트모래여우의 분포

DATA

한국명	티베트모래여우
영어명	Tibetan Sand Fox
학명	Vulpes ferrilata
보존상태	멸종위기등급(IUCN) – 관심 필요종(LC)
몸무게	4~6kg
몸길이	57.5~70cm
어깨높이	30cm
꼬리길이	30~47.5cm

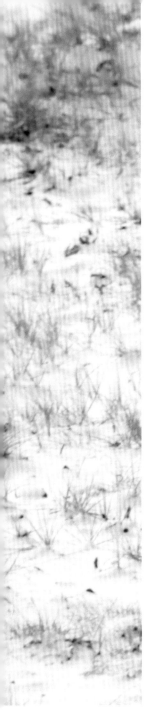

3,000미터가 넘는 고산에 서식하는 수수께끼 같은 얼굴의 여우

티베트와 네팔의 해발 3,000미터가 넘는 고지대에만 서식하는 여우다. 접근이 어려운 곳이라 그간 이들의 생태에 대해 알려진 것이 없었다. 2006년 BBC가 촬영한 영상이 공개되자 "귀엽다, 재미있다"는 반응이 쏟아지며 화제가 되었다. 하관이 벌어진 사각형 얼굴에 옆으로 길게 찢어진 두 눈이 마치 깨달음에 이른 승려 같은 분위기를 자아낸다. 귀가 작은 것은 열이 방출되지 않도록 환경에 적응한 결과다. 발바닥까지 긴 털로 덮여 있는 것도 추위를 견디기 위해서다.

주요 먹이는 설치류와 토끼류인데, BBC의 카메라에 우는토끼(ochotonidae, 새앙토끼, 생토끼, 피카pika라고도 불리며 피카츄의 모델이다-역주)의 포획 장면이 잡히기도 했다. 다른 영상에서는 곰의 힘을 빌리는 모습이 확인되었다. 우는토끼는 땅속에 굴을 파고 사는데, 여름에도 땅이 얼어 있어 매우 딱딱하다. 곰을 따라다니다가 곰이 토끼를 발견하고 굴을 파헤치기 시작하면 바짝 다가가서 지켜본다. 놀란 토끼가 굴의 다른 구멍으로 얼굴을 내밀면 대기하던 티베트모래여우가 낚아챈다. 이때 티베트모래여우의 표정이란 마치 깨달음의 경지에 이른 듯이 보이기도 한다.

혼자는 외로워

평균 해발 4,600미터나 되는 중국의 자연보호구역 커커시리(可可西里). 티베트모래여우가 말라버린 풀이 가득한 들판을 홀로 걷고 있다. 이들은 보통 짝을 지어 생활하고 사냥도 함께 한다. 잡식성이지만 우는토끼 등의 소형 포유류를 주식으로 하며 새, 도마뱀, 과일, 동물의 시체도 먹는다. 2월 하순에 교미를 하며 임신기간은 50~60일이다. 4월 하순부터 5월 상순에 걸쳐 2~4마리의 새끼를 낳는데, 새끼는 생후 약 8~10개월 동안 부모와 함께 살다가 독립한다.

촬영지 | 중국(칭하이성青海省 위수玉樹 티베트족 자치주-커커시리)
촬영자 | XI ZHINONG

유비무환, 54개의 굴

해발 4,550미터. 돌투성이의 황무지를 걸어가는 티베트모래여우. 몸길이가 70센티미터나 되는 대형 여우로, 이렇게 돌이 많은 땅에서 바위 아래나 틈새에 굴을 만든다. 조심성이 많아서 출입구를 최대 12개나 마련한다. 여름에는 54개의 굴을 만든 경우도 있다고 한다. 작은 삼각형 귀는 뾰족하고 머리 폭에 비해 코끝이 가늘고 긴 독특한 모습이다. 송곳니가 2.5센티미터가 될 정도로 매우 길어서 입을 다물어도 밖으로 튀어나온다. 전신이 약간 짧은 체모로 덮여 있고 발바닥에 긴 털이 나 있다. 털빛은 황갈색이며 측면과 허벅지, 꼬리의 대부분은 은회색이다. 코사크여우를 닮았지만 꼬리가 짧고 덥수룩하며 끝이 희기 때문에 구별이 가능하다. 티베트에서는 이 여우의 모피로 모자를 만드는데 거칠어서 상품 가치가 낮다고 한다. 따라서 코사크여우처럼 전적인 수렵 대상은 아니었다.

촬영지 | 중국(티베트 고원)
촬영자 | Alain Dragesco-Joffe

벵갈여우
새끼들의 모습이 사랑스러운 인도의 여우

인도 구자라트 주의 쿠치 습지는 많은 야생동물이 보호되고 있는 소(小) 쿠치 습지와 소금사막인 대(大) 쿠치 습지로 나뉜다. 사람에 대한 경계심이 없어서인지, 동물보호구역의 굴 옆에서 벵갈여우 새끼들이 노는 모습이 근접 촬영되었다. 지역에 따라 다소 차이는 있지만 번식기는 겨울에서 봄 사이다. 11월에 짝을 짓고 12월부터 1월 사이에 교미를 한다. 임신기간은 50~53일이며, 2월부터 4월까지 약 4마리의 새끼를 낳는다. 부부가 공동으로 육아를 하는데, 생후 2~4개월의 새끼와 수컷이 장난을 치는 모습이 관찰되었다. 번식을 하지 않는 암컷 '헬퍼'가 육아를 도와주기도 한다. 생후 약 3~4개월이 되면 완전한 이유를 하고, 4~5개월이 되면 독립한다.

촬영지 | 인도(구자라트Gujarat 주, 소 쿠치Kutch 습지)
촬영자 | Sandesh Kadur

인도, 네팔, 파키스탄을 포함한 인도 반도 전체에 분포한다. 해발 1,500미터 근처의 저지대를 좋아하고 초원이나 반사막 등 건조한 토지를 중심으로 서식한다. 잡식성이므로 곤충이나 소형 포유류, 조류, 식물 등을 다양하게 먹는다. 굴을 파서 보금자리를 만드는 것은 대부분의 여우와 같다.

벵갈여우의 특징은 다양한 울음소리다. '쿵' 하고 애처로운 듯이 울거나, '우~' 하고 신음소리를 내기도 한다. 경계하며 '꺄꺄' 하고 울고, 인간을 보면 '캥캥' 짖는다. 자신의 세력권을 주장하기 위해 떠드는 듯한 소리를 내기도 한다. 특히 번식기에는 이른 아침이나 밤에 수컷이 짖는 소리를 쉽게 들을 수 있다.

인간들이 이들의 모피를 원치 않았다는 점은 다행이지만 벵갈여우의 발톱, 꼬리, 이빨 등이 현지에서 의약품이나 장식품의 원료로 사용되어 수렵의 대상이 되어 왔다. 뭔가 인도스럽다고나 할까. 농지 개발로 서식지를 빼앗겨 개체수가 감소하는 등 인간에게 피해를 보고 있는데도, 이상하게 인간에 대한 경계심이 크지 않다. 인간에게 위해를 가했다는 사례도 보고된 바가 없다고 한다.

인도의 고유종

건조한 초원을 달리는 벵갈여우. 인도 반도에만 서식하는 고유종이다. 1월이므로 짝을 만들어도 이상하지 않을 시기다. 벵갈여우는 깊은 숲과 산지보다는 사진처럼 탁 트인 대지와 나무가 듬성듬성 있는 잡목림지대를 좋아한다. 주로 밤에 사냥하지만 새벽과 낮에도 자주 돌아다닌다. 단독으로 행동하므로 짝을 지어도 영속적이지 않다. 굴을 파서 1~6개의 출입구를 만드는데, 길이 1.2~1.8미터의 터널로 굴이 이어지는 구조다. 몇 년 동안 이용하면서 굴을 확장하기도 한다.

촬영지 | 인도(북인도)   촬영자 | Harri Taavetti

| 벵갈여우의 분포

DATA

한국명	벵갈여우
영어명	Bengal Fox
학명	Vulpes bengalensis
보존상태	멸종위기등급(IUCN) – 관심 필요종(LC)
몸무게	수컷 2.7~3.2kg 암컷 1.8kg 이하
몸길이	45~60cm
어깨높이	26~28cm
꼬리길이	25~35cm

검은꼬리 모래여우

사하라의 황무지에 서식하는 미지의 여우

검은꼬리모래여우는 아프리카대륙 북부, 사하라 사막 주변의 바위가 없는 황무지에 서식한다. 여우 중에서 생태와 생활사가 가장 알려지지 않은 종 중 하나다. 몸집이 작고 귀가 크며 꼬리가 긴 모습은 얼핏 흰꼬리모래여우를 닮았지만, 이름처럼 꼬리 끝이 검다는 점이 다르다.

검은꼬리모래여우의 생태 특성 중 하나는 길고 큰 굴을 판다는 것이다. 굴의 길이가 15미터나 되는 경우도 있는데, 안쪽에 마른 풀을 깔아서 보금자리를 만들고 가족처럼 무리를 지어 산다. 이런 토굴이 30개 이상 모여 있는 곳이 발견되기도

했다. 여러 가족이 모여 하나의 군락(colony)를 이루어 함께 생활하는 것이다.

잡식성으로 작은 설치류나 파충류, 새, 곤충, 식물류를 먹으며, 가금류를 습격하기도 한다. 검은꼬리모래여우에 대해 알려진 것은 이 정도뿐이다. 사하라 사막은 세계 최대 규모를 자랑하는데, 검은꼬리모래여우는 이 아프리카 대륙의 서쪽 끝에서 동쪽 끝까지, 무려 5,600킬로미터에 달하는 광대한 지역에 분포한다. 굴 속 깊이 숨어 있기 때문에 알려진 것이 없는 것일지도 모른다.

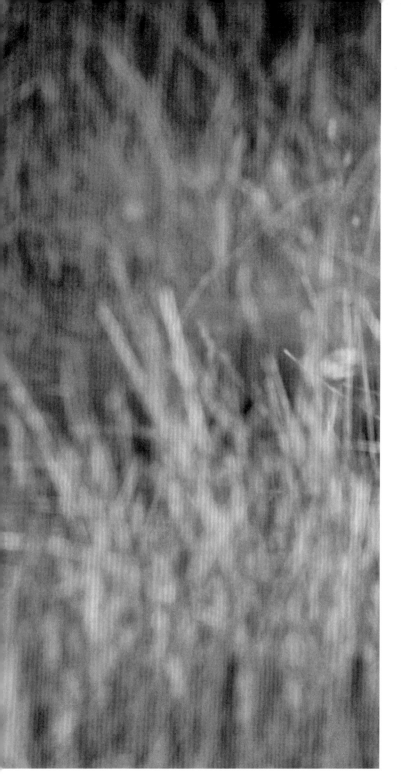

습기 있는 초원이 좋아

야행성이며 잡식성이다. 소형 설치류, 소형 포유류를 비롯해 지상에 둥지를 트는 새와 새알, 파충류, 곤충, 과일 등을 먹는다. 흰꼬리모래여우가 좋아하는 완전히 건조한 사막이나 바위 사막에는 살지 않는다. 약간 습한 사바나 지대를 선호한다. 블랜포드여우를 닮아서 귀가 크고 코가 짧지만 체모가 짧고 색이 옅어서 구별하기 쉽다. 이름처럼 꼬리의 끝부분이 검다. 털빛은 적갈색이 살짝 섞인 연한 황갈색인데, 등이 검지 않다는 점에서 케이프여우와 구별된다. 눈 주위와 입술 사이에 검은 무늬가 있다. 큰 굴을 파서 가족과 함께 산다. 임신기간은 51~53일이며 3~6마리의 새끼를 낳는다. 약 50~100그램으로 태어나고, 사육시설에서는 14주가 되면 1.12~1.35킬로그램이 된다. 수유기간은 6~8주다. 생후 약 1년이 되면 성 성숙이 이루어진다. 수단에서는 이 여우의 고기가 천식에 효과가 있다고 하여 식용으로 이용된다.

촬영자 | Michael Lorentz

DATA

한국명	검은꼬리모래여우
영어명	Pale Fox
학명	Vulpes pallida
보존상태	멸종위기등급(IUCN) – 관심 필요종(LC)
몸무게	1.5~3.6kg
몸길이	40~47cm
어깨높이	25cm
꼬리길이	25~35cm

| 검은꼬리모래여우의 분포

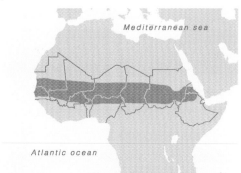

스위프트여우

북아메리카 중서부 초원에서
평화롭게 살다

우아한 자태로 우아하게 걷는다

아직 짝이 없는지 대초원을 홀로 걷고 있다. 사이가 많이 떨어진 귀, 동그스름한 눈, 우아한 자태가 특징이다. 털은 회색을 띤 붉은색인데, 겨울이 되면 길이가 길어지면서 약간 어두운 색으로 변한다. 꼬리는 덥수룩하며 끝이 검고, 코 양쪽에 검은 무늬가 있다. 북아메리카 중서부에 서식하는 스위프트여우는 사진에서 보듯이 키 낮은 초원을 좋아한다. 발이 빨라서 시속 50킬로미터로 달리고 최고 시속은 60킬로미터다. 기본적으로는 야행성이지만 겨울철에는 종종 굴

근처에서 일광욕을 하는 모습이 목격된다. 키가 낮은 초원에서는 숨을 곳이 없기 때문에 굴이 중요한 역할을 한다. 폭우가 내려도 침수되지 않도록 약간 높은 곳에 굴을 파서, 일 년 내내 사용한다. 깊이 약 1미터, 길이 약 4미터의 터널을 파서 굴을 방처럼 만든다.

촬영지 | 미국(아이다호 주, 블레인Blaine 카운티 크레이터즈 오브더문Craters of the Moon 국립공원)

미국 중부에 사는 이 여우는 한때 키트여우(176쪽)와 같은 종일 수도 있다고 알려졌다. 서식지도 겹치고 두 종이 교잡하기 때문이다. 사진을 비교해 보면 겉모습이 매우 비슷하지만, 털 색깔이 약간 다르다. 스위프트여우는 등이 약간 회색을 띠고 복부는 오렌지색에 가깝다. 이들은 주로 키 낮은 풀이 있는 초원에 굴을 파고 서식한다. 굴을 직접 파기도 하고 다른 동물의 굴을 이용하기도 한다. 낮에는 굴에서 지내고 밤에는 사냥 등의 활동을 한다. 소형 포유류, 곤충, 식물에 이르기까지 구할 수 있는 것은 무엇이든 먹는다.

이들은 인간이 활동하는 지역 가까운 곳에 보금자리를 만드는 경향이 있어 인간의 영향을 많이 받았다. 19세기에서 20세기 중반, 인간의 수렵과 제거 작업, 개발에 따라 개체수가 대폭 감소했고 분포 지역도 줄어들었다. 덫에 쉽게 걸리고 차에 치이는가 하면, 코요테와 늑대를 없애려고 놓아둔 독을 먹고 죽는 경우도 많았다. 하지만 20세기 후반이 되면서 서서히 개체수가 회복되기 시작했다. 인간의 의식이 변하기 시작했고, 동시에 그들도 멸종 위기를 피하기 위해 좀 더 영리해진 것이 아닐까.

인사인지 장난인지

굴에서 나온 새끼들이 인사하는 듯한 행동을 하며 장난 치고 있다. 남부에서는 12월부터 2월까지 교미해서 3월부터 4월 초순에 새끼를 낳는다. 캐나다 등 북부는 조금 늦은 5월 중순경이다. 임신기간은 50~60일이며 평균 51일이다. 1~6마리의 새끼를 낳는데 보통 4~5마리를 낳는다. 약 10~15일이 되면 눈과 귀가 열리고, 새끼는 1개월 동안 보금자리에서 지낸다. 6~7주가 되면 이유를 하고, 약 2개월이 되면 부모와 같은 털빛이 되며 생후 4~5개월이 되면 성체의 크기가 된다. 가을 무렵까지 어미와 함께 지내는데 수컷은 1년이 되면 성 성숙이 이루어지고, 암컷은 2년째부터 번식한다.

촬영지 | 미국(와이오밍 주)　촬영자 | Shattil & Rozinski

| 스위프트여우의 분포

DATA

한국명	스위프트여우(벨록스여우)
영어명	Swift Fox
학명	Vulpes velox
보존상태	멸종위기등급(IUCN) – 관심 필요종(LC)
몸무게	1.6~3kg
몸길이	38~53cm
어깨높이	30~32cm
꼬리길이	22.5~28cm

North America

Pacific ocean

Atlantic ocean

■ 별송지역

거대한 라이브'오크(참나무의 일종)에 올라앉아 어딘가를 응시하는 회색여우. 나무를 잘 오르기 때문에 나무여우(tree foxes)란 별명을 갖고 있다. 비스듬한 나무 위로 뛰어오르는 것은 식은 죽 먹기, 곧은 나무도 잘 올라간다. 18미터나 되는 나무에도 올라가는데 코요태 같은 포식자도 거기까지는 쫓아가지 못한다. 뒷발의 발톱을 나무에 걸고, 앞발로 나무줄기를 끌어안은 채 몸을 밀어 올린다. 내려갈 때는 머리를 위로 둔채 뒷걸음질한다. 겨울부터 봄 사이에 교미하고, 봄부터 여름에 걸쳐 3∼7마리의 새끼를 낳는다. 수컷은 암컷과 새끼에게 먹이를 나른다. 새끼는 생후 4주가 되면 굴에서 나와 부모와 함께 나무에 오르고, 약 5개월이 되면 독립한다. 붉은여우와 달리, 어릴 때부터 기르면 사람을 잘 따른다고 한다.

촬영지 | 미국(텍사스 주,
코퍼스 크리스티호Corpus
Christi Lake 디네로Dinero)
촬영자 | Rolf Nussbaumer

Part 6 —— *Gray & Island Fox Clade*

회 색 여 우 의

가장 원시적인 여우는
원숭이처럼 나무를 잘 탄다

나무 위를 능숙하게

다람쥐처럼 올라간다.

나무에서 나무로 점프해

원숭이처럼 건너뛴다.

나무 위에서 지냈던 그 옛날,

미아키스 시절을

기억하지는 못하지만…

※미아키스(Miacis)란 늑대와 개, 족제비, 너구리, 곰의 공통 조상을 말한다. -역주

일 족 들

붉은여우와 비슷하지만, 코의 폭이 좁고 짧으며 귀는 작다. 다리가 짧아서 나무 타기에 유리하다. 아래턱의 모양은 너구리를 닮았다. 전체적으로 얼룩무늬의 은회색인데, 이렇게 보이는 것은 털 하나하나에 흰색, 회색, 검은색 부분이 섞여 있기 때문이다. 목과 옆구리, 다리, 꼬리의 아래쪽은 붉고, 턱 끝과 배는 흰색 또는 옅은 황갈색이다. 진한 회색의 작은 갈기가 있고 꼬리 윗면과 끝은 검다.

촬영지 | 미국(미네소타 주)
촬영자 | Paul Sawer

회색여우

북아메리카 남부에서 남아메리카 북부에 걸쳐 서식하는 회색여우는 나무 타기에 능해서 '나무여우'라고도 불린다. 늑대나 코요테 같은 천적을 만나면 재빨리 나무 위로 올라가 몸을 숨긴다. 나뭇가지 사이를 능숙하게 점프해서 옮겨 다니기도 한다. 이런 능력은 너구리에 가까운데, 갯과 동물 중에서는 너구리 다음으로 원시적 형태를 갖고 있다.

대부분의 갯과 동물이 숲에서 평원으로 터전을 옮기면서 나무에 오르는 능력을 잃었지만, 회색여우는 독자적인 진화를 이룬 것이다.

하지만 회색여우가 계속 숲에 머물렀던 것은 아니다. 숲에서 키 낮은 나무 덤불, 산 중턱, 목초지, 탁 트인 건조지대, 도시의 교외까지 다양한 환경에 적응해 왔다.

식성도 다양해서 쥐, 다람쥐, 곤충, 새 등을 잡아먹고 나무에 올라가 과일을 따 먹기도 한다. 야행성이므로 인간의 눈을 교묘하게 피해 돌아다니지만 덫에는 잘 걸린다. 회색여우의 모피는 특상품이 아니지만 쓰임새가 많아서 사냥의 표적이 되어왔다. 결국 이들의 최대 천적도 인간인 셈이다.

| 회색여우의 분포

DATA

한국명	회색여우
영어명	Gray Fox / Tree Fox
학명	Urocyon cinereoargenteus
보존상태	멸종위기등급(IUCN) – 관심 필요종(LC)
몸무게	2.5~7kg
몸길이	48~73cm
꼬리길이	27~44cm

미국 캘리포니아 주의 채널 제도(Channel Islands) 중 6개의 섬에만 서식한다. 회색여우의 근연종이므로 회색여우와 유사하지만 몸집이 20퍼센트 정도 작다. 섬의 기후가 온화해서 굳이 몸집을 불려 체온을 유지할 필요가 없고, 식량을 구하기 힘든 환경에서는 몸집이 작을수록 유리하기 때문이다. 이들은 대륙에서 섬이 분리되기 전에 이곳으로 온 것으로 짐작된다. 또 남쪽 섬에 서식하는 개체는 약 1만 년 전에 미국 원주민이 데려왔다고 한다.

6개의 섬마다 서식 밀도가 다르다. 산타크루스 섬은 1제곱킬로미터에 7.9마리, 산타카탈리나 섬에는 0.3마리가 서식한다. 서식 밀도는 환경과 먹이에 따라 달라지는데, 서식 조건이 딱히 나쁘지 않은 산타카탈리나의 서식 밀도가 낮은 이유는 밝혀지지 않았다.

1990년대에는 개체수가 감소했다. 검독수리가 섬에 침입한 데다 야생 돼지를 들여왔기 때문이다. 또 섬에 기생충이 들어오면서 개체수가 줄어들었다. 원래는 대륙의 회색여우와 같은 개체였지만 섬에서 생활하면서 이들의 삶은 크게 바뀌었다.

아일랜드여우

회색여우와 많이 닮았지만 몸집이 20퍼센트 정도 작고 꼬리가 짧다. 무엇이든 잘 먹지만 주로 곤충을 먹는다. 대체로 낮부터 야간에 걸쳐 활동하고 한밤중부터 새벽까지는 쉰다. 1월부터 3월 중순 사이에 교미하고, 4월 말부터 5월 초에 평균 2.17마리의 새끼를 낳는다(최대 5마리). 임신기간은 약 50~53일이고, 새끼들은 가을(10월경)에 독립한다.

촬영지 | 미국(캘리포니아 주)
촬영자 | Chien Lee

| 아일랜드여우의 분포

North America

UNITED STATES

• Los Angeles

Channel Islands

Pacific ocean

DATA

한국명	아일랜드여우
영어명	Island Gray Fox / Island Fox
학명	Urocyon littoralis
보존상태	멸종위기등급(IUCN) – 위기 근접종(NT)
몸무게	2.1~2.8kg
몸길이	48~50cm
꼬리길이	11~29cm

참고문헌

- 今泉忠明『野生イヌの百科』(データハウス、2014年)
- D.W.マクドナルド編、今泉吉典 監修『動物大百科 1 食肉類』(平凡社、1986年)
- 『動物大百科 11 ペット(コンパニオン動物)』(平凡社、1986年)
- 今泉吉典 監修『世界の動物｜分類と飼育 2 食肉目』(東京動物園協会、1991年)
- エリック・ツィーメン『オオカミ その行動・生態・神話』今泉みね子 訳(白水社、1995年)
- Jennifer W. Sheldon『WILD DOGS The Natural History of the Nondomestic Canidae』(THE BLACKBURN PRESS、1992年)
- L. David Mech and Luigi Boitani 編『Wolves Behavior,Ecology,and Conservation』(The University of Chicago Press、2007年)
- Jim Brandenburg『White Wolf:Living With an Arctic Legend』(Northword Press、1990年)
- ジム・ブランデンバーグ『白いオオカミ 北極の伝説に生きる』中村健・大沢郁枝 訳(JICC出版局、1992年)
- ジム・ブランデンバーグ『ブラザー・ウルフ—われらが兄弟、オオカミ』今泉忠明 監訳(講談社、1995年)
- L. David Mech『the ARCTIC Wolf:Ten Years with the Pack』(Swan Hill Press、1997年)
- L. David Mech『Wolves of the High Arctic』(Voyageur Press、1992年)
- L. David Mech『The Wolf: The Ecology and Behavior of an Endangered Species』(University of Minnesota Press、1981年)
- Claudio Sillero-Zubiri,Michael Hoffmann and David W. Macdonald 編『Canids: Foxes, Wolves, Jackals And Dogs: Status Survey And Conservation Action Plan』(IUCN:The World Conservation Union、2004年)
- L. David Mech ほ か『Wolves on the Hunt』(The University of Chicago Press、2015年)
- Robert H. Busch『The Wolf Almanac: A Celebration of Wolves and Their World』(Lyons Press、2015年)
- Marco Musiani、Luigi Boitani 編『The World of Wolves: New Perspectives on Ecology, Behaviour, and Management』(University of Calgary Press、2010年)
- ギャリー・マーヴィン『オオカミ 迫害から復権へ』南部成美 訳(白水社、2014年)
- A. ムーリー『マッキンレー山のオオカミ』奥崎政美 訳(思索社、1975年)
- E. ツィーメン『オオカミとイヌ』今西錦司 監修(思索社、1977年)
- 菊水健史ほか『日本の犬』(東京大学出版会、2015年)
- アダム・ミクロシ『イヌの動物行動学』藪田慎司 監訳(東海大学出版部、2014年)
- ブレット・L.ウォーカー『絶滅した日本のオオカミ』浜健二 訳(北海道大学出版会、2009年)
- ジム＆ジェイミー・ダッチャー『オオカミたちの隠された生活』(エクスナレッジ、2014年)
- ギュンター・ブロッホ『30年にわたる観察で明らかにされたオオカミたちの本当の生活』今泉忠明 監修、喜多直子 訳(エクスナレッジ、2017年)
- 平岩米吉『狼—その生態と歴史—』(築地書館、1992年)
- ハンク・フィッシャー『ウルフ・ウォーズ』朝倉裕・南部成美 訳(白水社、2015年)
- バリー・ホルスタン・ロペズ『オオカミと人間』中村妙子・岩原明子 訳(草思社、1984年)
- ヴェルナー・フロイント『オオカミと生きる』日高敏隆 監修・今泉みね子 訳(白水社、1991年)
- ファーリー・モウェット『狼が語る ネバー・クライ・ウルフ』小林正佳 訳(築地書館、2014年)
- ショーン・エリス＋ペニー・ジューン『狼の群れと暮らした男』小牟田康彦 訳(築地書館、2012年)
- 桑原康生『オオカミの謎』(誠文堂新光社、2014年)
- 朝倉裕『オオカミと森の教科書』(雷鳥社、2014年)
- パット・シップマン『ヒトとイヌがネアンデルタール人を絶滅させた』河合信和 監訳(原書房、2015年)
- 姜戎(ジャンロン)『神なるオオカミ』唐亜明・関野喜久子 訳(講談社、2007年)
- 『NATIONAL GEOGRAPHIC日本版 2006 年 4 月号』110〜121頁バージニア・モレル「アフリカ最後のオオカミ エチオピアに残る600頭の危機」(日経ナショナルジオグラフィック社)
- 『NATIONAL GEOGRAPHIC日本版 2012 年 2 月号』28〜45頁エヴァン・ラトリフ「十犬十色 犬の遺伝子を科学する」(日経ナショナルジオグラフィック社)
- 『NATIONAL GEOGRAPHIC日本版 2015 年 10 月号』126〜141頁スーザン・マグラス「海辺のオオカミ」(日経ナショナルジオグラフィック社)
- 『日経サイエンス 2015 年 11 月号』98〜106頁V.モレル「オオカミからイヌへ」
- 今泉忠明 監修『講談社 動物図鑑 4 哺乳動物 1』(講談社、1997年)
- 『図説 哺乳動物百科』遠藤秀紀 監訳(朝倉書店、2007年)
- ジュリエット・クラットン＝ブロック『世界哺乳類図鑑』渡辺健太郎 訳(新樹社、2005年)
- エーベルハルト・トルムラー『犬の行動学』渡辺格 訳(中央公論新社、2001年)
- 平岩米吉『犬の行動と心理』(築地書館、1991年)
- 尾形聡子『よくわかる犬の遺伝学』(誠文堂新光社、2014年)
- デズモンド・モリス『デズモンド・モリスの犬種事典』福山英也ほか 監修(誠文堂新光社、2007年)
- 藤田りか子『最新 世界の犬種大図鑑』(誠文堂新光社、2015年)
- ブルース・フォーグル『新犬種大図鑑』福山英也 監修(ペットライフ社、2002年)
- 岩合光昭『ニッポンの犬』(平凡社、1998年)
- ネイチャー・プロ編集室『進化がわかる動物図鑑ライオン・オオカミ・クマ・アザラシ』柴内俊次(ほるぷ出版、1998年)
- ジュリエット・クラットン＝ブロック『イヌ科の動物事典』祖谷勝紀 監修(あすなろ書房、2004年)
- 林良博 監修『イラストでみる犬学』(講談社、2000年)
- テンプル・グランディンほか『動物が幸せを感じるとき』(NHK出版、2011年)
- 米田政明ほか 監修『世界の動物遺産 世界編・日本編』(集英社、2015年)
- 小原秀雄ほか 編『レッド・データ・アニマルズ—動物世界遺産 1〜8』(講談社、2001年)
- スミソニアン協会、小菅正夫 監修『驚くべき世界の野生動物生態図鑑』黒輪篤嗣 訳(日東書院本社、2017年)
- デイヴィッド・バーニー、日高敏隆 編『世界動物大図鑑—ANIMAL DK ブックシリーズ』(ネコ・パブリッシング、2004年)
- デイヴィッド バーニー『動物生態大図鑑』西尾香苗 訳(東京書籍、2011年)
- フレッド・クック 監修『地球動物図鑑』山極寿一 日本版監修(新樹社、2006年)
- 今泉吉典 監修『学習科学図鑑 動物』(学研、2006年)
- 飯島正広『日本哺乳類大図鑑』土屋公幸 監修(偕成社、2010年)
- 小宮輝之『日本の哺乳類:フィールドベスト図鑑』(学研教育出版、2010年)
- 藤田りか子、リネー・ヴィレス『最新 世界の犬種大図鑑』(誠文堂新光社、2015年)
- 川口敏『哺乳類のかたち』(文一総合出版、2014年)
- 『世界の動物—原色細密生態図鑑(8)哺乳動物 2』(講談社、1982年)
- 山極寿一 監修『講談社の動く図鑑MOVE 動物 新訂版』(講談社、2015年)
- 三浦慎悟ほか『小学館の図鑑NEO動物』(小学館、2002年)
- 今泉忠明 監修『学研の図鑑LIVE 動物』(学研、2014年)
- 『Journal of Zoology (電子版)2017年1月20日』松林順ほか「絶滅種エゾオオカミの食性復元」
- C.T. Darimont,"Foraging behavior by gray wolves on salmon streams in coastal British Columbia"(Can. J. Zool. 81:349〜353、2003)
- Shiro Kohshima,"A Comparison of Facial Color Pattern and Gazing Behavior in Canid Species Suggests Gaze Communication in Gray Wolves (Canis lupus)",PLOS ONE 電子版(June 11, 2014)
- 『North American fauna:No.53』303頁 Vernon Bailey「MAMMALS OF NEW MEXICO:MEXICAN WOLF」(1931)
- Warren B. Ballard,"Summer Diet of the Mexican Gray Wolf (Canis lupus baileyi)", The Southwestern Naturalist(June 5, 2008)
- James R. Heffelfinger,"Clarifying historical range to aid recovery of the Mexican wolf", (March 21, 2017)
- Lassi Rautiainen,"Fighters",ARTICMEDIA
- 『知床博物館研究報告 26:37-46 (2005)』亀山明子ほか「オオカミ(Canis lupus)の保護管理及び再導入事例について」
- Marco Apollonio," Il lupo in Provincia di Arezzo"(June 2006)
- Fauna Ibérica: Animales de España y Portugal, Lobo ibérico (Canis lupus signatus)
- Vladimir Dinets,"Striped Hyaenas (Hyaena hyaena) in Grey Wolf (Canis lupus) packs: cooperation, commensalism or singular aberration?",Zoology in the Middle East Volume 62, 2016 - Issue 1
- Reuven Hefner and Eli Geffen,"Group Size and Home Range of the Arabian Wolf (Canis lupus) in Southern Israel", Journal of Mammalogy Vol. 80, No. 2 (May, 1999), pp. 611-619
- M. Singh,"Distribution, status and conservation of Indian gray wolf (Canis lupus pallipes) in Karnataka, India",Journal of Zoology,Volume270, Issue1 September 2006 Pages 164-169
- Wolf of Tibet,Calcutta journal of natural history, and miscellany of the arts and sciences in India,vol.VII, Pages 474(1847)
- 『朝日新聞 2018 年 4 月 1 日(日)12 版 18 面』西川迅「科学の扉:日本のオオカミの実像」
- Ronald M. Nowak," Another Look at Wolf Taxonomy"
- E. S. Richardson and D. Andriashek," Wolf (Canis lupus) Predation of a Polar Bear (Ursus maritimus) Cub on the Sea Ice off Northwestern Banks Island, Northwest Territories, Canada", Arctic Vol. 59, No. 3 (Sep., 2006), pp. 322-324
- Klaus-PeterKoepfli,"Genome-wide Evidence Reveals that African and Eurasian Golden Jackals Are Distinct Species",Current Biology Volume 25, Issue 16, 17 August 2015, Pages 2158-2165
- Philippe Gaubert," Reviving the African Wolf Canis lupus lupaster in North and West Africa: A Mitochondrial Lineage Ranging More than 6,000 km Wide",PLOS ONE August 10, 2012
- Beatriz de Mello Beisiegel and Gerald L. Zuercher,"Mammalian Species Number 783 :1-6. 2005",Speothos venaticus
- Mauro Lucherini Estela M. Luengos Vidal,"Lycalopex Gymnocercus (Carnivora: Canidae)",Mammalian Species, Issue 820, 9 October 2008, Pages 1–9,OXFORD UNIVERSITY PRESS
- 天然記念物秋田犬第 134 回本部展写真・入賞記録集(秋田犬保存会)
- アーネスト・T・シートン『シートン動物解剖図』(マール社、1997年)

INDEX

감수 기쿠수이 타케후미(菊水健史, Takefumi Kikusui)

도쿄대학 수의학과 졸업. 수의학 박사이자 아자부(麻布) 대학 수의대 동물학 연구실 교수. 산쿄 신경과학연구소 연구원과 도쿄대학 농학 생명과학 연구과 (동물행동학 연구소) 를 거쳤으며 전공은 행동신경과학이다. 설치류의 사회 의사 전달과 생식 기능, 모자간과 그 중추 발달에 미치는 영향에 관해 연구했다. 주요 저서로는 《개의 마음을 읽다 – 반려동물학에서 배워야 할 것》, 《사랑과 분자》 등이 있다.

본문 곤도 유키(近藤雄生, Yuki Kondo)

도쿄대학 대학원 공학계 연구과 수료 후 5년 반 동안 세계 각지를 여행하며 르포 등을 집필했다. 《유목 부부》 시리즈 3권, 《유목 부부 시작의 날들》, 《여행을 떠나요》, 《웃는 생물》을 저술했고 《기계(奇界) 생물도감》 의 텍스트를 담당했다. 오타니 대학 비상근 강사. 이과 계열 작가 집단 '팀 파스칼'의 멤버이기도 하다.

기획·구성 사와이 세이이치(澤井聖一, Seiichi Sawai)

주식회사 엑스날리지(X-Knowledge) 대표이사, 월간 〈건축 지식〉 편집 겸 발행인. 생태 학술지 〈큐아노 오이코스(Κυανοσ οικοσ)〉 및 생물잡지 편집자, 신문기자 등을 거쳐 건축문화잡지 〈X-Knowledge Home〉 등의 편집장을 역임했다. 《세계의 아름답고 투명한 생물》, 《세계의 아름다운 비행 조류》, 《세상에서 가장 아름다운 오징어와 낙지 도감》, 《기이한 세계 유산》, 《세계의 꿈의 책방》 등을 기획 및 편집했다. 저서로는 《절경의 펭귄》, 《절경의 북극곰》, 《세계의 아름다운 색의 마을, 사랑스러운 집》이 있다. 이 책에서는 해설(본문을 제외한 문장 및 도표), 문헌 조사, 각 장의 시문 등을 담당했다.

아트 디렉션 高木裕次(Dynamite Brothers Syndicate)
디자인 鈴木麻祐子, 山崎真衣, 堀內琢児, 小島絵璃奈(Dynamite Brothers Syndicate)
지도 長岡伸行

포토 크레딧

아마나 이미지

4,5,7,9,10,11,13,14–15,16,17,18(下), 19,20–21,
22–23,24,25,26,27,28,29,30,31,32,33,34,36,
37,38,42–43,44–45,46–47,48–49,50,51,52,53,
54–55,56,57,58–59,60–61,62,63,64,65,70,
72–73,74–75,76–77,78,79,81,82–83,84,85,86–87,
88,89,90,92,93,94,95,96–97,98–99,101,
102–103,104,106,107,108,111(下), 114,115,116,
117,118,120,121,122,123,124,126–127,128,129,
130,131,132,133,134,136,137,138,139,140,141,
143(下), 144,146,147,148,150,151,152–153,
154,155,157,158,159,160,161,164(上), 165,
166,167,168–169,170,171,172,174,175,177,180,
181,182,183,184–185,186,187,188(下), 192,193,
194,195,196,197,201,202–203,204,205

아프로

6,68,111(上),119,125

PPS 통신사

8,12,18(上),35,40,66–67,71,80,100,105,110,
112–113,142,143(上),145,149,156,162–163,
164(下),173,176,178–179,188(上·中),190,191,200

늑대와 야생의 개

초판 1쇄 2020년 2월 10일

지은이 곤도 유키 , 사와이 세이이치 **옮긴이** 박유미
펴낸이 설응도 **편집주간** 안은주
영업책임 민경업 **디자인책임** 조은교

펴낸곳 라의눈

출판등록 2014 년 1 월 13 일 (제 2014–000011 호)
주소 서울시 강남구 테헤란로 78 길 14–12(대치동) 동영빌딩 4층
전화 02–466–1283 **팩스** 02–466–1301

문의 (e–mail)
편집 editor@eyeofra.co.kr
마케팅 marketing@eyeofra.co.kr
경영지원 management@eyeofra.co.kr

ISBN : 979-11-88726-45-5 03490

OOKAMI TO YASEI NO INU

ⒸYUKI KONDO & SEIICHI SAWAI 2018

Originally published in Japan in 2018 by X-Knowledge Co., Ltd.

Korean translation rights arranged through AMO Agency SEOUL